플라스틱을
갈아 마시면
무슨 맛일까?

플라스틱을 갈아 마시면 무슨 맛일까?
미세 플라스틱의 건강 장해

초판 1쇄 발행 2022년 9월 30일
2쇄 발행 2022년 12월 7일

지은이 박선욱
펴낸이 장길수
펴낸곳 지식과감성#
출판등록 제2012-000081호

교정 한지현
디자인 정한나
편집 정한나
검수 김우연, 이현
마케팅 고은빛, 정연우

주소 서울시 금천구 벚꽃로298 대륭포스트타워6차 1212호
전화 070-4651-3730~4
팩스 070-4325-7006
이메일 ksbookup@naver.com
홈페이지 www.knsbookup.com

ISBN 979-11-392-0670-8(13530)
값 12,000원

- 이 책의 판권은 지은이에게 있습니다.
- 이 책 내용의 전부 또는 일부를 재사용하려면 반드시 지은이의 서면 동의를 받아야 합니다.
- 잘못된 책은 구입하신 곳에서 바꾸어 드립니다.

지식과감성#
홈페이지 바로가기

미세 플라스틱의 건강 장해

플라스틱을 갈아 마시면 무슨 맛일까?

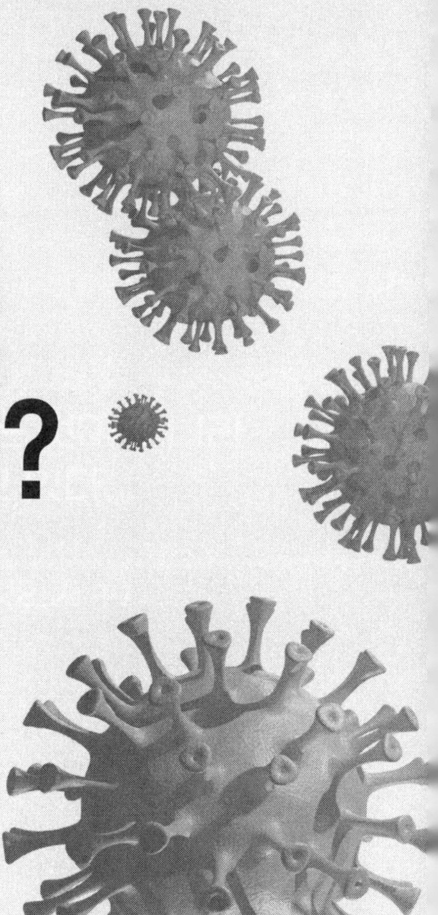

박선욱 지음

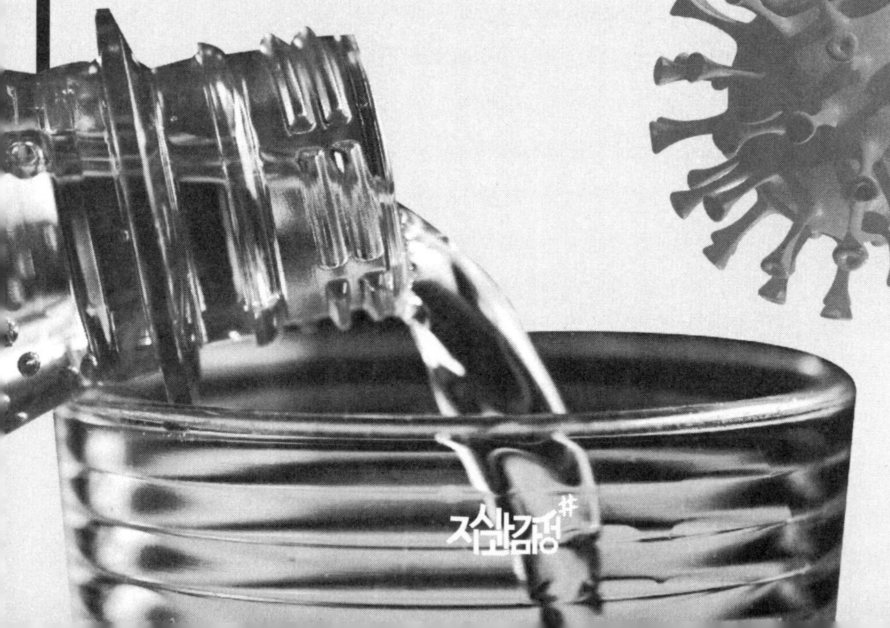

지식과감성#

우리는 이 세상에 살고 있는 것이 아니라 이 세상을 지나가고 있다.

(톨스토이, 인생이란 무엇인가 中)

목차

서문   10

1부

플라스틱과 미세 플라스틱

1. 플라스틱을 믹서에 갈아 마시면 무슨 맛일까?   14
2. 플라스틱의 역사   18
3. 플라스틱의 제조 과정과 종류   22
   - (1) 플라스틱의 제조 과정   22
   - (2) 플라스틱 제조에 사용되는 첨가제의 종류   23
   - (3) 플라스틱의 종류   26
     - * 열가소성 플라스틱 vs 열경화성 플라스틱
   - (4) 분리 배출 기준에 따른 분류   27
   - (5) 플라스틱 성분별 시장 점유율과 비중   29
4. 미세 플라스틱의 정의 및 특성   31
   - (1) 미세 플라스틱의 정의   31
   - (2) 미세 플라스틱의 특성   33

5. 미세 플라스틱의 발생 현황 　　　　　　　　　　　36

(1) 미세 플라스틱 배출량 　　　　　　　　　　　36
(2) 자연 환경으로 배출되는 미세 플라스틱 　　　37
(3) 인체에서도 확인되는 미세 플라스틱 　　　　42

6. 미세 플라스틱의 과학적 측정 　　　　　　　　　45

(1) 시료 채취 　　　　　　　　　　　　　　　　45
(2) 전처리 　　　　　　　　　　　　　　　　　45
(3) 분석 　　　　　　　　　　　　　　　　　　46
(4) 미세 플라스틱 측정과 관련한 최신 연구 주제　47
  + 코로나19와 미세 플라스틱

2부

미세 플라스틱의 건강 장해

1. 미세 플라스틱의 지구 환경과 생물 영향 그리고 생물 농축　54

(1) 미세 플라스틱의 해양 환경 영향 　　　　　　55
(2) 미세 플라스틱의 토양 환경 영향 　　　　　　57
(3) 미세 플라스틱의 대기 환경 영향 　　　　　　59
(4) 미세 플라스틱의 생물 건강 영향 　　　　　　61
(5) 생물 농축 　　　　　　　　　　　　　　　　66

2. 미세 플라스틱의 건강 장해   67

  (1) 유해성(hazard)과 위험성(risk)   67
  (2) 미세 플라스틱의 유해성   69
  (3) 미세 플라스틱의 인체 이동 경로 및 인체 영향   70
  (4) 미세 플라스틱의 장기별 건강 장해   73

    * 호흡기계 건강 장해
    * 소화기계 건강 장해
    * 신경계 건강 장해
    * 비뇨기계 건강 장해
    * 기타 건강 장해

  (5) 미세 플라스틱의 발암성   78
  (6) 플라스틱 제조 시 노출되는 물질에 의한 건강 장해   80

    * 폴리에틸렌(PE)
    * 폴리프로필렌(PP)
    * 폴리염화비닐(PVC)
    * 테프론(teflon, polytetrafluoethylene, PTPE)
    * 에폭시 수지(epoxy resin)
    * 아미노 수지(amino resins)
    * 아크릴(acrylics)
    * 폴리우레탄(PU)
    * 합성섬유(synthetic textiles)

3. 플라스틱 첨가제의 건강 장해   85

  (1) 내분비 교란 물질에 의한 건강 장해   85
  (2) 플라스틱 첨가제의 물질별 건강 장해   88

    * 비스페놀 A
    * 프탈레이트
    * 중금속
    * 기타 첨가제

  (3) 잔류성 유기 오염 물질의 건강 장해   92
  (4) 플라스틱 첨가제 및 관련 물질의 발암성   93

4. 원인 파이 모형으로 살펴보는 미세 플라스틱의 건강 장해　95

5. 플라스틱이 원인으로 추정되는 질병　100
　(1) 다중 화학 민감증　100
　(2) 난임(불임)　101
　(3) 성조숙증　103

참고 자료 및 더 읽을 거리　105
　* 웹사이트
　* 인터넷 기사, 영상
　* 넷플릭스
　* 유튜브

맺음말　109

서문

산업 혁명 이후 석탄, 석유 같은 화석 연료를 효율적으로 가공하고 사용하면서 인류의 문명이 급속히 발전하였다. 그런데 화석 연료를 과도하게 사용하면서 런던 대기 오염, LA 스모그, 뮤즈밸리 사건, 보팔 사건 등 여러 환경 재앙이 있었으며 현재 전 세계적인 코로나19 유행 역시 이와 무관하지 않은 것으로 생각한다.

1980년대 대한민국에서 태어나 자라면서 지구 온난화, 기후 변화, 생태계 파괴, 분리수거, 환경 호르몬과 같은 단어를 자주 듣고 익숙해지긴 했지만 현재의 미세 먼지, 초미세 먼지, 플라스틱, 미세 플라스틱과 같은 환경 문제를 몸소 느끼지는 못했었다. 그런데 어느 순간부터 하늘이 뿌옇게 변하고 대기 오염으로 숨을 쉬는 게 힘들어지면서 미세 먼지에 대한 국민의 관심이 높아지고 연구도 활발히 진행되었다. 대한직업환경의학회에서 출판한 "의사들이 들려주는 미세 먼지와 건강 이야기"를 참고해 볼 만하다.

미세 플라스틱에 대한 여러 자료를 찾아보고 공부하고 정리하면서 많은 것을 느꼈다. 기회가 된다면 먼저 넷플릭스(Netflix)에 있는 "히스토리 101: 플라스틱"을 시청하는 것을 추천한다. 학술 논문도 중요하지만 좋은 영상으로 더 많은 것을 배우는 경우도 있다. 미세 플라스틱에 대한 지속적인 관심과 적극적인 해결책이 필요한 시점이다. 이

제 환경 문제는 우리가 실제로 피부로 느끼고 있는 문제인 동시에 전 세계적으로 해결해야 할 인류 생존의 문제가 되었기 때문이다. 더디고 힘들더라도 처음부터 자연적으로 분해되는 플라스틱을 개발하고 사용하였다면 지금과 같은 급작스러운 변화는 필요하지 않았을 것이다. 앞으로는 새로운 물질을 개발함에 있어 환경 오염과 건강 장해에 대한 연구를 반드시 미리 수행해야 한다. 가습기 살균제 사건이 그 중요성을 절실히 보여 준다.

 의사 면허를 취득하고 직업환경의학(Occupational and Environmental Medicine, OEM)이라는 생소한 분야를 공부하기 시작한 지 6년이 되었다. 다양한 산업이 발전하면서 직업환경의학은 그 속도를 조절하는 역할을 하면서 함께 발전해 왔다. 건강과 관련하여 예방은 정말 중요하다. 눈에 보이고 실제로 불편한 증상이 생기면 늦는 경우가 많다. 코로나19의 세계적 유행 이후 우리는 예방의 중요성을 매일 실감하고 있다. 이 책이 앞으로 있을 환경 재앙과 환경성 질환을 예방하는 데 조금이나마 보탬이 되길 기도한다.

2022년 7월 21일
저자 박선욱

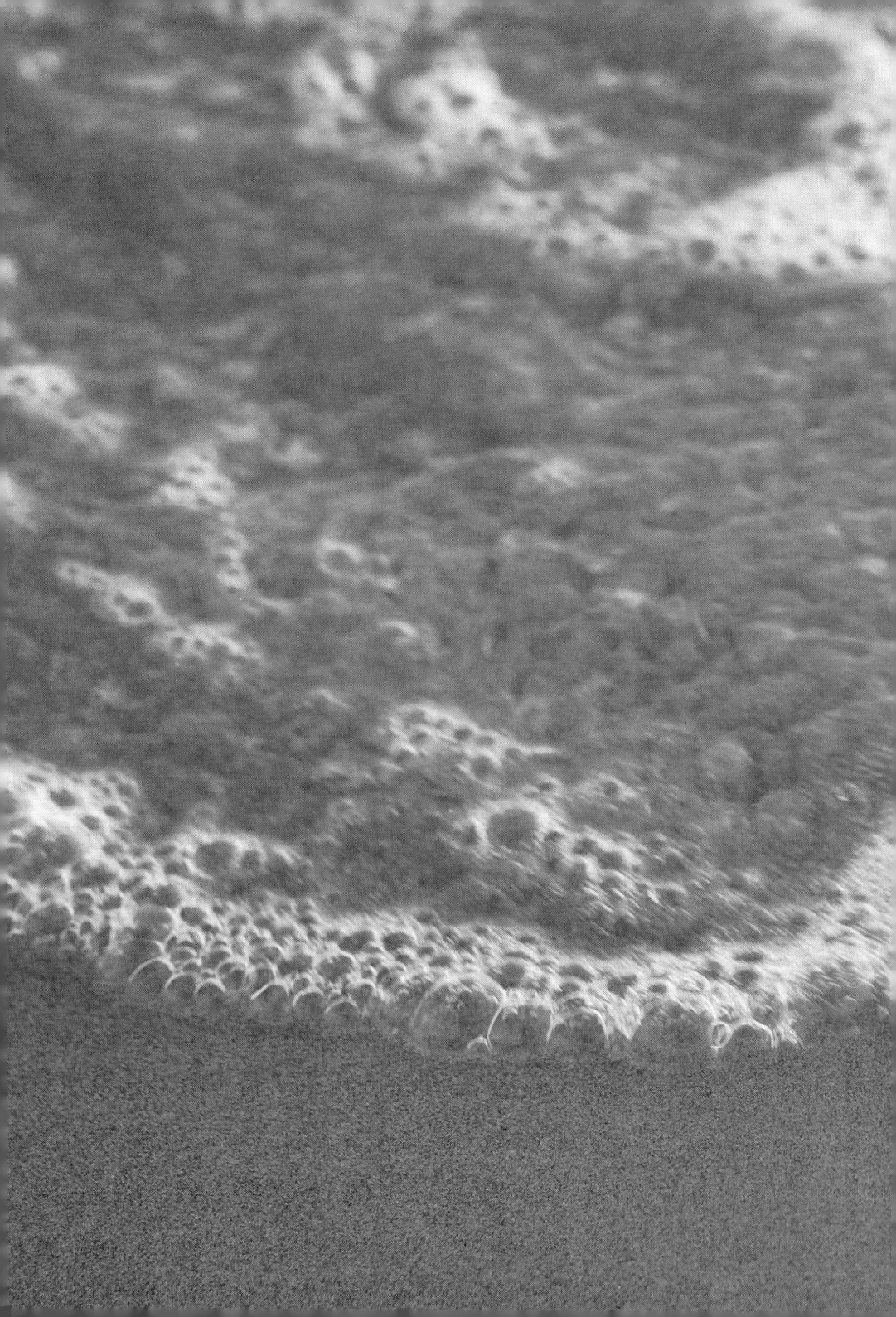

1부

플라스틱과 미세 플라스틱

1

플라스틱을 믹서에 갈아 마시면 무슨 맛일까?

여러 색의 다양한 플라스틱을 믹서(blender)에 갈아서 마시면 무슨 맛이 날까? 괴상한 질문이지만 실제로 우리는 알게 모르게 미세 플라스틱을 먹고 마시고 있다. 먹는 물에도 음식에 들어가는 소금에도 심지어 공기 중에도 미세 플라스틱이 많이 섞여 있다고 보고되었다.

식수(drinking water)에는 미세 플라스틱이 얼마나 있을까? 2020년 PLOS ONE에 실린 연구에 의하면 식수는 미세플라스틱이 인체로 노출되는 주된 원천이다.[1] 그중 가장 흔한 플라스틱은 1~10㎛[2] 크기의 PET(polyethylene terephthalate), PP(polyprophylene)이다. 미세 플라스틱의 최대 농도는 수돗물(tap water)에서는 리터(L)당 628개, PET병에 담긴 생수(bottled water)에서는 488개이다.[3] 이를 일반적인 식수 소비로 계산해 보면 성인 1인이 연간 수돗물로 458,000개, PET병 생수로 3,569,000개의 미세 플라스틱을 마시는 양이다. 우리는 보이지 않지만 매일 엄청난 양의 미세 플라스틱을 마시고 있는 셈이다.

---

1) Microplastic contamination of drinking water: A systematic review, Evangelos Danopoulos, PLOS ONE, 2020
2) 1㎛는 백만 분의 1m에 해당하는 길이이다. 너무 작은 크기여서 실감하기 힘들지만 눈에 보이지 않는 먼지 또는 세균의 크기라고 생각할 수 있다.
3) European samples 기준

음식에 들어가는 소금에는 미세 플라스틱이 얼마나 있을까? 2019년 Nature scientific reports에 실린 연구 결과에 의하면 대만에서 판매하는 식탁염(table salt)[4]에서 PP(polypropylene), PE(polyethylene), PS(polystyrene), PES(polyester), PEI(polyetherimide), PET(polyethylene terephthalate), POM(polyoxymethylene) 등 다양한 플라스틱이 발견되었고 그 양은 1kg당 평균 9.77개였다.[5] 이 연구팀은 전 세계적으로 판매되는 소금 제품들도 분석했는데 이 중 94%에서 미세 플라스틱을 발견할 수 있었고 27개의 다양한 종류의 플라스틱 중에서 PET, PP, PE가 가장 흔히 발견되는 미세 플라스틱이었다. 또한 7개의 개별 연구 결과를 분석해 보니 식탁염에서 1kg당 평균 140.2개의 미세 플라스틱이 관찰되었다. 이 수치를 연간 평균 소금 소비량(~3.75 kg/year)을 고려해 계산하면 우리는 매년 소금과 함께 수백 개의 미세 플라스틱 입자를 먹고 있는 셈이다.

공기 중에는 미세 플라스틱이 얼마나 있을까? 2020년 Environmental International에 실린 연구에서 많은 사람들이 거주하는 영국 런던 중심부의 공기 중 미세 플라스틱 농도를 측정했다.[6] 측정된 모든 시료(sample)에서 미세 플라스틱이 발견되었고 1일 $1m^2$ 크기의 공간에

---

[4] 음식에 뿌리는 소금
[5] Microplastic contamination of table salts from Taiwan, including a global review, Hyemi Lee, Nature scientific reports, 2019
[6] Atmospheric microplastic deposition in an urban environment and an evaluation of transport, S.L.Wright, Environmental International, 2020

575~1,008개의 미세 플라스틱이 증착(deposition)되었다. 확인된 다양한 미세 플라스틱 중 92%는 섬유 형태의 미세 플라스틱이었으며 측정된 모든 시료에서 15개의 서로 다른 종류의 플라스틱이 관찰되었다. 프랑스 파리에서 공기 중에서 지상으로 떨어지는 미세 플라스틱을 측정하였는데 파리 도심과 교외의 평균 낙진 속도는 각각 110 ± 96개/m^2/day, 53 ± 38개/m^2/day이었다.[7] 그리고 중국 관둥성 둥관(Dongguan)에서 측정된 낙진하는 미세플라스틱은 평균 36 ± 7개/m^2/day로 측정되었다.[8] 2019년 Nature Geoscience에 실린 논문에서 대기 중 미세 플라스틱은 최대 95km의 거리를 이동하는 것이 확인된다.[9] 대기 상태와 바람 등 환경에 따라 그 농도는 다르지만 우리가 공기를 통해 매일 보이지 않는 미세 플라스틱을 들이마시고 있는 것은 분명해 보인다.

도시에서 생활하는 사람들은 주로 실내에서 생활한다. 인간과 비슷한 크기와 모양의 측정기(Breathing Thermal Manikin)를 이용하여 실내에서 호흡을 통해 흡입하는 미세플라스틱 양을 측정하였는데 측정된 모든 시료에서 미세 플라스틱 발견되었고 그 농도는 $1m^{-3}$ 당 1.7~16.2개로 확인되었다.[10]

---

[7] Synthetic fibers in atmospheric fallout: A source of microplastics in the environment?, Dris, J. Gasperi, Pollut. Bull, 2016

[8] Characteristic of microplastics in the atmospheric fallout from Dongguan city, China: preliminary research and first evidence, L. Cai, Environ. Sci. Pollut. Res, 2017

[9] Atmospheric transport and deposition of microplastics in a remote mountain catchment, Steve Allen, Nature Geoscience, 2019

[10] Simulating human exposure to indoor airborne microplastics using a Breathing Thermal Manikin, Alvise Vianello, Nature Scientific reports, 2019

2019년 호주 뉴캐슬 대학은 세계자연기금(World Wildlife Fund, WWF)과 함께 사람의 미세 플라스틱 섭취에 관한 50개 이상의 연구 데이터를 종합해 결과를 발표했다. 이 연구에 의하면 우리는 매주 평균적으로 식수로 1,769개, 갑각류 섭취로 18개, 맥주로 10개, 소금으로 11개의 미세 플라스틱을 먹고 마신다. 이를 알기 쉽게 무게로 표현하면 우리는 매주 신용 카드 1장(5g), 매달 옷걸이 한 개(21g)를 먹는다. 연간으로 계산하면 250g이 넘는 양이다.[11]

출처: 세계자연기금(World Wildlife Fund, WWF)

플라스틱을 믹서에 갈아 마시면 무슨 맛일까? 이미 우리는 그 답을 알고 있는지 모른다. 플라스틱이 도대체 뭘까? 누가, 언제, 어떻게 만든 것일까? 이렇게 많은 양을 먹고 마시고 있는데 건강에는 문제가 없을까? 우리는 과연 이 문제를 해결할 수 있을까?

---

11) No plastic in nature: Assessing plastic ingestion from nature to people, WWF analysis, 2019

2 플라스틱의 역사

무분별한 밀렵으로 코끼리 상아가 사라지던 1863년, 미국의 한 회사는 상아를 대체할 당구공 재료를 개발하는 사람에게 큰 보상금을 주기로 한다. 1869년 존 웨슬리 하이엇(John Wesley Hyatt)은 면직물과 질산 그리고 녹나무에서 나오는 장뇌(camphor)를 이용해 모양을 변경할 수 있는 가연성 플라스틱인 셀룰로이드(celluloid)를 발명한다. 그러나 셀룰로이드로 당구공을 만들면 부딪칠 때 폭발이 생겨 상용화하지는 못했다고 한다.[12]

1907년 레오 베이클랜드(Leo Baekeland)는 석탄 가스 부산물인 페놀과 포름알데히드 그리고 알코올을 혼합해 최초의 합성 플라스틱인 베이클라이트(Bakelite)를 발명한다. 이후 1913년에 셀로판(cellophane), 1927년에 폴리염화비닐(polyvinyl chloride, PVC)이 개발되었고, 1935년 월리스 캐러더스(Wallace Carothers)는 나일론(nylone)을 발명하였다.

포드(Ford) 자동차의 창시자 헨리 포드(Henry Ford, 1863~1947

---

12) 플라스틱: 영화, 음악, 병원을 있게 한 플라스틱의 역사, BBC NEW 코리아 2018년 11월 24일 기사

년)가 개발한 콩 자동차를 주목해 볼 만하다.[13] 1941년 플라스틱이 자동차 산업에서도 중요해지면서 포드는 콩과 옥수수에서 나오는 천연 기름을 기반으로 콩 플라스틱을 개발하였고 이를 가지고 만든 시제 차량을 선보인다. 차체가 금속보다 25% 가벼워 연비 효율이 높았으나 2차 세계대전이 발생해 연구를 지속하지 못한다. 전쟁은 금속, 천연고무 등 천연 자원을 급속히 고갈시켰고 무기의 효율성을 높이기 위한 플라스틱 개발을 가속화한다. 전투기와 탱크의 기어, 바퀴, 합성 고무 타이어도 넓게 보면 플라스틱이며 전쟁 중에 낙하산, 로프, 방탄복, 헬멧이 나일론으로 만들어졌다.[14]

<헨리 포드가 개발한 콩 자동차>

전쟁이 평화로 바뀌면서 무기 개발에 사용되었던 플라스틱 기술은 우리 생활을 편하게 해 주는 기술이 된다. 1950년대 레코드판으로 음악을 듣고, 1960년대 플라스틱 보트를 타고 물 위에서 여가를 즐긴다. 플라스틱 TV 판매가 급증하였고 콘돔 역시 불티나게 팔린다.

---

13) 70여 년 전 선보인 '콩 자동차' 콩이 지구를 살린다. 친환경 각광받는 생분해 플라스틱, The science times 2016년 2월 16일 기사
14) Wikipedia: Timeline of plastic development / https://en.wikipedia.org/wiki/Timeline_of_plastic_development

1960년대 말 우주 산업에도 플라스틱이 주요 재료로 사용되는데 미국이 달에 처음으로 꽂은 깃발도 나일론 재질이다. 1965년 비닐봉지(plastic bag)가 개발되어 물건을 쉽게 담고 음식을 비닐 랩으로 싸서 오래 보관할 수 있게 된다. 1968년 프랑스의 비텔 생수(Vittel mineral water)에서 처음으로 플라스틱 생수병을 상용화하였고, 1975년 코카콜라도 유리병을 대체해 페트병에 콜라를 담아 판매하기 시작한다.[15]

플라스틱은 저렴한 가격과 가공성, 우수한 강도, 내구성, 단열성, 탄성 등의 장점으로 우리의 일상 생활에 더욱 깊숙이 침투한다. 우리가 입고 있는 옷을 포함한 여러 직물(textile), 요리에 사용되는 주방 도구, 음식 용기, 일회용 숟가락, 젓가락, 포크, 빨대, 통신에 사용되는 TV, 라디오, 전화기, 전선 피복, 음향 기기, 병원에서 사용하는 주사기, 인큐베이터, 혈액 용기, 수술 도구, 인공 관절과 같은 생체 재료, 안전을 위해 사용하는 안전벨트, 소방 보호구, 방탄복, 스포츠 보호구, 건축에 사용하는 배관, 가구, 카펫, 조명 시스템, 생활용품으로 사용하는 칫솔, 치약, 의자, 펜, 생수병, 비닐봉지, 장난감, 포장재 등 우리가 휴대하고 사용하는 대부분의 물건은 플라스틱이다. 이 정도면 석기, 청동기, 철기 시대를 거쳐 플라스틱 시대에 살고 있다고 해도 과언이 아니다. 기록으로 살펴보면 1980년 6천만 톤의 플라스틱을 생산하였고, 2000년까지 1억 8천만 톤, 2010년까지 2억 6천만 톤, 2017년에는 3억 4천만 톤에 이르고 있다. 이는 1950년 이후 연평균

---

15) 히스토리101: 플라스틱, 넷플릭스

8.5%로 증가한 양이다.[16]

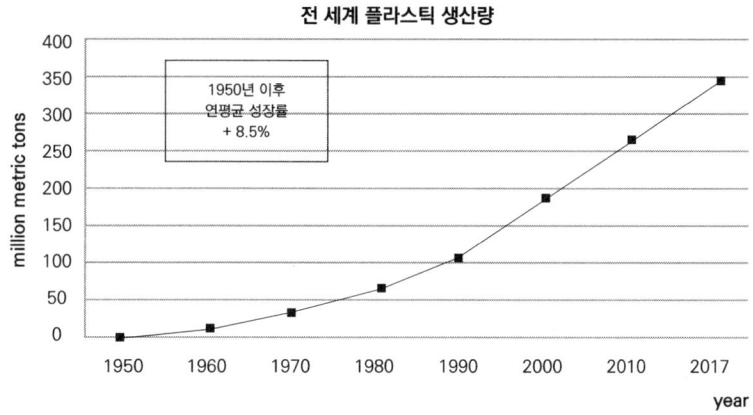

1950년 이후 전 세계 플라스틱 생산량 변화

그런데 인간이 만든 플라스틱은 잘 분해되지 않는다. 1960년 해양에서 플라스틱 잔해가 관찰되었고, 1980년대 플라스틱으로 인한 환경 재앙을 본격적으로 인식하기 시작한다. 1988년부터 선진국에서 폐기물 관리 시스템을 도입하고 재활용 가능한 재료를 분리수거 하기 시작하였지만 아직도 플라스틱이 재활용되는 것보다 버려지는 경우가 더 많다. 플라스틱이 분해되는 데 450년이 걸린다고 주장하는 사람들이 있으나 이것도 추정일 뿐이다. 플라스틱이 개발되고 100년이 조금 넘었기 때문에 처음 생산된 제1호 플라스틱 제품을 포함한 모든 플라스틱은 아직 지구 어딘가를 맴돌고 있다.

---

16) The history of plastics: from the Capitol to the Tarpeian Rock, Philippe Chalmin, Open Edition Journals, 2019

3
플라스틱의 제조 과정과 종류

플라스틱은 기본적으로 탄소(carbon, C)가 함유된 분자인 단량체(monomer)의 집합이다. 탄소로 된 구슬이 여러 개 있는 것으로 생각하면 쉽다. 이 탄소 구슬들을 일렬로 쭉 나열해 목걸이처럼 연결하면 중합체(polymer)인 플라스틱이 된다. 이런 관점에서 자연에 존재하는 천연 고무, 거북이 등껍질, 코뿔소 뿔도 플라스틱이다. 반면 우리가 일반적으로 사용하는 플라스틱은 화학 반응이나 첨가물을 이용해 인공적으로 만든 것이다.

(1) 플라스틱의 제조 과정

플라스틱의 기본 원료는 석유다. 불행하게도 우리나라에는 석유가 없어 원유(crude oil)를 수입해 가공하여 사용한다. 원유는 탄소 덩어리가 뭉쳐 있는 검은색 기름인데 이것을 높은 온도로 가열하면 끓는점 차이에 의해 탄소 덩어리들이 차례로 분리된다. 이 과정을 분별 증류(fractional distillation)라고 한다. 원유를 분별 증류하면 LPG, 휘발유, 나프타(naphtha), 등유, 경유 등으로 분리되는데 이중 나프타가 플라스틱의 주요 원료이다. 이 나프타를 화학 공학 기술을 적용해 분자끼리 결합시켜 폴리에틸렌(polyethylene, PE), 폴리프로필렌

(polypropylene, PP), 폴리염화비닐(polyvinyl chloride, PVC), 폴리스티렌(polystyrene, PS), ABS(acrylonitrile butadiene styrene copolymer)와 같은 중합체인 합성 수지로 만든다.[17] 더 구체적으로 살펴보면 탄소 구슬이라고 볼 수 있는 염화 비닐, 스티렌, 프로필렌과 같은 단량체를 촉매 등을 이용한 중합 반응(polymerization)을 통해 폴리염화 비닐, 폴리스티렌, 폴리프로필렌과 같은 탄소 구슬 목걸이인 중합체로 만든다. 그리고 원하는 플라스틱의 재질과 특성을 갖게 하려고 다양한 첨가제(additives)를 넣어 복합 중합체(compound polymer)로 만든다. 마지막으로 이 복합 중합체에 열과 압력을 가하고 성형하면 원하는 플라스틱 완제품이 탄생한다.[18]

(2) 플라스틱 제조에 사용되는 첨가제의 종류

플라스틱을 만들 때 첨가하는 물질들은 가소제(plasticizers), 윤활제(lubricants), 강화제(reinforcements), 발포제(blowing agents), 내연제(flame retardants), 열 안정제(heat stabilizers), 항산화제(antioxidants), 자외선 흡수제(UV light absorbers), 정전기 방지제(antistatic agents), 개시제(initiators), 흐름 조정제(flow control agents), 경화제(curing agents), 착색제(colorants), 충전제(filler) 등으로 매우 다양하다.[19]

---

17) 직업환경의학 제8장 화학제품제조, 대한직업환경의학회, 계축문학사, 2014
18) 직업환경의학 제11장 플라스틱제조(성형), 대한직업환경의학회, 계축문학사, 2014
19) 직업환경의학 제11장 플라스틱제조(성형), 대한직업환경의학회, 계축문학사, 2014

가소제(plasticizer)는 진흙에 물을 넣어 점토 놀이를 하듯 플라스틱을 부드럽고 유연하게 만들기 위해 넣는 물질이다. 플라스틱이 부드러워져야 제품 형틀에 부어 원하는 모양으로 만들 수 있다. 따라서 플라스틱을 만들 때 가소제는 매우 중요한 물질이다. 가소제로 사용되는 대표적인 물질은 비스페놀 A(bisphenol A)와 프탈레이트(phthalate)이다. 비스페놀 A는 식품 포장재에 사용되는 플라스틱을 만들기 위해 사용하며, 폴리카보네이트 계열의 플라스틱 제조 시 첨가하면 고온과 충격에 잘 견디는 플라스틱을 만들 수 있다. 따라서 비스페놀 A를 첨가하면 전제레인지에 견딜 수 있고 각종 보호 장구로 사용 가능한 특성을 갖는 플라스틱을 만들 수 있다. 또한 비스페놀 A는 알루미늄과 금속 캔 안쪽 면이나 병뚜껑 보호 코팅을 위해 사용돼 음료수나 제품의 저장 수명을 높인다. 프탈레이트 역시 대표적으로 사용되는 가소제이며 그 종류로 디에틸헥실프탈레이트(DEHP), 디부틸프탈레이트(DBP), 부틸벤질프탈레이트(BBP), 디이소노닐프탈레이트(DINP), 디이소데실프탈레이트(DIDP), 디-n-옥틸프탈레이트(DNOP), 디옥틸프탈레이트(DOP) 등이 있고 각각의 성질이 조금씩 다르다.

윤활제(lubricant)는 플라스틱 수지의 흐름을 좋게 만들어 제조기(압출기)에 플라스틱이 붙지 않게 하려고 첨가한다. 또 윤활제를 첨가하면 플라스틱의 녹는 온도가 낮아져 더 쉽고 빠르고 싸게 플라스틱을 만들 수 있다. 대표적인 윤활제는 지방산(왁스), 지방산 에스테르, 지방산 아마이드 등이다. 강화제(reinforcements)는 플라스틱을 딱딱하게 만들어 강도를 높이는 물질이며 주로 염소화폴리에틸렌(chlorinated polyethylene)이 사용된다. 발포제(blowing agents)는 공기를 통해 거품을 만들어 스티로폼 같은 공기를 많이 함유한 플라스틱을 만드는 물질이다. 이를 위해 아조다이카본아마이드(azodicarnonamide, ADCA)와 같은 물질이 사용된다. 내연제(flame retardants)는 플라스틱을 불에 잘 타지 않게 만드는 물질이며 주로 브롬계 화학 물질인 PBDEs(polybrominated diphenyl ethers), TBBPA(tetrabromobnisphenol A) 등이 사용된다. 안정제(stabilizers)는 플라스틱이 공기, 열, 햇빛 등에 의해 변하지 않도록 첨가하는 물질이며 카드뮴, 바륨, 아연계 화학 물질을 사용한다. 착색제(colorants)는 플라스틱 제품에 색을 입히는 물질이며 다양한 안료와 염료가 사용된다.[20] 플라스틱 제조에 사용 되는 첨가제를 요약해 보면 아래 표와 같다.

첨가제 종류	역할	대표 물질
가소제	(플라스틱을) 부드럽게	비스페놀 A, 프탈레이트
윤활제	흐름 좋고 가공 온도 낮게	지방산, 지방산 에스테르, 지방산 아마이드
강화제	강도 좋게	염소화폴리에틸렌
내연제	불에 타지 않게	브롬계 화학 물질
안정제	공기, 열, 빛에 변하지 않게	Cd/Ba/Zn계 화학 물질
발포제	공기로 부풀어지게	아조다이카본아마이드
착색제	다양한 색	여러 안료와 염료

표 1 플라스틱 첨가제의 종류, 역할 및 대표 물질

---

20) 플라스틱(합성 수지)의 종류와 특징, material.info / http://www.gunnet.kr/group-mx/mx-plastic.htm

(3) 플라스틱의 종류

* 열가소성 플라스틱 vs 열경화성 플라스틱

열받는 상황에서 화내는 사람이 있고 차분해지는 사람도 있다. 마찬가지로 플라스틱 합성수지에 열을 가하면 부드러워지는 것도 있고 딱딱해지는 것도 있다.

열가소성 플라스틱

열가소성 플라스틱(熱可塑性, thermoplastic)은 온도가 높으면 녹아서 부드러워지고 온도가 낮으면 고체 상태로 되돌아가는 플라스틱이다. 분자들 사이의 힘이 약한 선형 구조로 되어 있어 열을 가하면 녹아 원래 상태로 돌아가므로 재활용이 가능하다. 폴리염화비닐, 폴리스티렌, 폴리에틸렌, 아크릴, 나일론, 폴리프로필렌이 이에 속하며 변형이 쉬워 다양한 생활용품으로 편리하게 이용된다.

열경화성 플라스틱

열경화성 플라스틱(熱硬化性, thermosetting plastic)은 내구성이 강하며 열을 받으면 녹지 않고 타서 가루나 기체가 된다. 분자들 사이의 힘이 비교적 강한 사다리, 그물망 같은 구조로 되어 있어 한번 굳어지면 열을 가해도 다시 녹지 않아 재활용이 불가능하다. 폴리에스테르, 페놀, 멜라민, 실리콘, 에폭시가 이에 속하며 열과 진동에 강해 자동차, 항공, 건축 소재로 사용된다.

(4) 분리 배출 기준에 따른 분류

일반적으로 가정에서 분리수거를 할 때 플라스틱은 한곳에 모아 버린다. 그러나 플라스틱에는 여러 종류가 있다. 1988년 미국은 재활용을 위해 플라스틱을 PET, HDPE, V, LDPE, PP, PS, OTHER 7개로 구분하였다.[21] 이를 기반으로 우리나라도 법률에 근거해 플라스틱을 페트(PET), HDPE, PVC, LDPE, PP, PS, OTHER 7개로 구분한다.[22]

페트(polyethylene terephthalate, PET)는 주로 일회용 음료수

---

21) 환경운동연합 / http://kfem.or.kr/?p=200930
22) 자원의 절약과 재활용촉진에 관한 법률(약칭: 자원재활용법)

병으로 사용된다. 고밀도 폴리에틸렌(high density polyethylene, HDPE)은 강도가 좋아 장난감, 각종 용기로 사용되며 열에 강해 전자레인지에 돌리는 것도 가능하다. 저밀도 폴리에틸렌(low density polyethylene, LDPE)은 신축성, 투명성이 좋아 비닐봉지, 비닐장갑, 투명 필름으로 사용된다. 폴리염화비닐(polyvinyl chloride, PVC)은 기본적으로 딱딱한 성질이 있어 프탈레이트 같은 가소제를 첨가해 유연성을 높여 건축 자재(홈통, 창문틀, 바닥 타일), 장난감, 자동차 대시보드, 식초, 샴푸 용기 등으로 사용한다. 폴리프로필렌(polypropylene, PP)은 가벼운 플라스틱으로 일회용 컵, 빨대, 지퍼백, 장난감, 자동차 부품 등으로 사용되며 전자레인지에서도 잘 견딘다. 폴리스티렌(polystyrene, PS)은 투명하고 만들기 쉬워 일회용 숟가락, 포크, 과자 포장 용기 등으로 사용되며 전기 절연 재료로도 사용된다. OTHER은 둘 이상의 복합 플라스틱이거나 금속 같은 다른 재질이 합쳐진 플라스틱을 말한다.

<PET, HDPE, PC, LDPE, PVC, PP, PS, OTHER의 예>

참고적으로 우리가 흔히 말하는 비닐봉지는 영어로 플라스틱 백(plastic bag)이라고 부른다. 비닐(vinyl)은 폴리에틸렌, 폴리프로필렌, 폴리에스터 등으로 만든 플라스틱 필름의 일종이다. 그리고 스티로폼 역시 플라스틱의 일종인데 원래 이름은 발포 폴리스티렌(Expanded polystyrene, EPS)이다. 이것은 플라스틱을 팽창시켜 만들어 재료 안에 공기를 많이 함유할 수 있게 하여 단열성을 높인 것으로 단열재나 아이스박스로 사용된다.

(5) 플라스틱 성분별 시장 점유율과 비중

2014년 노르웨이에서 수행한 조사에 의하면 플라스틱 제품의 성분별 시장 점유율과 비중[23]은 아래 표와 같다.[24]

플라스틱 종류	시장 점유율(%)	비중(specific gravity)
폴리에틸렌(PE)	29.5	0.91~0.94
폴리프로필렌(PP)	18.8	0.90~0.92
폴리스티렌(PS)	7.4	1.04~1.09
폴리염화비닐(PVC)	10.7	1.16~1.30
폴리우레탄(PUR)	7.3	1.2
페트(PET)	6.5	1.34~1.39
기타	19.8	-

표 2 플라스틱의 종류별 시장 점유율과 비중(2014년 노르웨이 조사 결과)[25]

---

23) 비중(specific gravity)은 어떤 물질의 상대적인 밀도 비이다. 물의 비중은 1이다.
24) Sources of microplastic pollution to the marine environment, Norwegian environment agency. 2014
25) (24)의 연구 결과표를 요약하여 인용하였다.

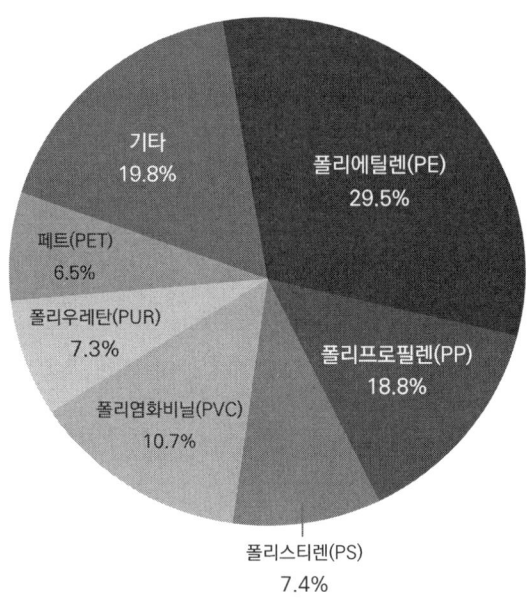

〈플라스틱 성분별 시장 점유율〉

플라스틱 제품의 시장 점유율은 일회용 비닐봉지, 병, 기어(gear), 양식용 어장 및 파이프로 사용되는 폴리에틸렌(PE)이 29.5%로 가장 높았다. 로프, 병뚜껑으로 사용되는 폴리프로필렌(PP)은 18.8%로 두 번째로 높았다. 파이프, 컨테이너, 부표로 사용되는 폴리염화비닐(PVC)이 10.7%, 가정용구, 컨테이너, 포장에 사용되는 폴리스티렌(PS)이 7.4%로 그 뒤를 이었다. 플라스틱의 비중은 플라스틱 문제 해결을 위하여 중요한 요소이다. 왜냐하면 비중이 1.02보다 크면 물위에 뜨고 이보다 작으면 가라앉기 때문이다.[26] 일반적으로 PE, PP, PS는 물위에 뜨고 나머지는 가라앉는다.

---

26) 미세 플라스틱의 건강 피해 저감 연구, 박정규, KEI 사업보고서 2019-10

4
미세 플라스틱의 정의 및 특성

플라스틱(plastic)은 그리스어 'plastikos'에서 유래된 단어로 '성형 가능한'이라는 의미를 담고 있다.[27] 인간은 끊임없는 노력으로 석유로부터 성형 가능한 만능의 물질인 플라스틱을 개발했다. 일반적으로 플라스틱은 합성으로 만든 고분자 물질을 말한다. 넓게 보면 합성 고무도 플라스틱으로 볼 수 있다.

(1) 미세 플라스틱의 정의

작은 플라스틱을 미세 플라스틱이라고 부르는데 그 정의는 계속해서 변해 왔고 아직 국제적으로도 합의되지 않았다. 2019년 연구에서 화학적, 물리적 특성과 크기를 고려해 미세 플라스틱을 $1\mu m$에서 5mm 사이 크기의 합성 고체 입자 혹은 고분자 물질로 정의한 반면 다른 연구에서는 미세 플라스틱을 아래 표와 같이 정의하기도 했다.[28]

---

27) 국내외 플라스틱 폐기물 문제 현황 및 해결방안, 국내 환경동향보고, 환경부, 한국환경산업기술원
28) Microplastic's story 논문의 내용을 번역해 인용하였다.

이름	크기
macroplastics	1cm 초과
mesoplastics	1~10mm 미만
microplastics	1~1000μm 미만
nanoplastics	1~1000nm 미만

표 3 플라스틱의 크기에 따른 구분(2019년 연구)

또한 2019년 유럽화학물질청(European Chemicals Agency, ECHA) 보고서에서는 1nm~5mm 이하의 고체 중합체를 미세 플라스틱이라고 정의하였고, 3nm~15mm 크기이며 길이와 지름의 비가 3을 초과하는 섬유 형태를 미세 플라스틱 섬유로 구분했다.[29]

그런데 우리나라 환경부 자료에서는 일반적으로 크기가 5mm 미만의 플라스틱을 미세 플라스틱이라고 한다.[30] 아이들이 좋아하는 구슬 아이스크림 또는 장난감 총에 사용하는 비비탄보다 작은 플라스틱을 미세 플라스틱 그리고 매우 작아 눈에 보이지 않는 플라스틱을 나노 플라스틱이라고 생각하면 쉽다.

미세 플라스틱은 발생 원인에 따라 1차 미세 플라스틱과 2차 미세 플라스틱으로 구분할 수 있다. 1차 미세 플라스틱은 세제, 치

---

[29] Committee for risk assessment(RAC), committee for socio-economic analysis(S-EAC) background document to the opinion on the Annex XV report proposing restrictinos on intentionally added micoplastics p29, ECHA, 2019
[30] 환경부자료 미세 플라스틱 등 환경 문제 대응, 한독 연구기관 협력, 2020

약, 세척제, 화장품, 의료 기기, 농업, 원예, 도료 등의 효율을 높이기 위해 제조할 때부터 의도적으로 작게 만든 것이다. 세안제를 사용할 때 작은 물질인 스크럽을 느낄 수 있는데 이와 같은 것을 마이크로 비즈라고 부른다. 2차 미세 플라스틱은 페트병과 같은 비교적 큰 플라스틱이 비, 바람, 파도와 같은 기계적 충돌, 미생물에 의한 생분해(biodegradation), 햇빛에 의한 광산화(photo-oxidative degradation) 등을 거쳐 작아진 것을 말한다.[31] 타이어 마모 분진, 세탁 후 발생하는 미세 섬유, 건물, 선박에서 탈락된 도료 등이 2차 플라스틱의 예이다.

(2) 미세 플라스틱의 특성

플라스틱은 일반적으로 고체이며 물에 녹지 않는 소수성(hydrophobicity)의 특성이 있으며 자연적으로 잘 분해되지 않는다. 그리고 플라스틱은 목적에 맞게 다양한 첨가제를 섞어 만들기 때문에 종류가 다양하고 광범위한 특성을 지닌다(3장 참고). 미세 플라스틱은 크기가 작은 플라스틱이므로 기본적으로는 처음 만들어진 플라스틱과 동일한 성질을 갖는다.

미세 플라스틱은 소수성이 강한 잔류성 유기 오염 물질(Persistent

---

31) Recent purification technologies and human health risk assessment of microplastics, Jun Woo Park et al., MDPI, 2020

Organic Pollutants, POPs), 브롬과 같은 할로겐, 구리와 같은 중금속, 기타 독성 물질, 그리고 테트라사이클린(tetracycline), 시프로플록사신(ciprofloxacin)과 같은 약물을 자석처럼 끌어당기며 이런 물질들을 이동시키는 운반체(carrier) 역할을 한다.[32] 그리고 오래된 플라스틱일수록 더 많은 오염 물질이 흡착되는 것으로 보고되었다.[33] 실제로 주변 바닷물과 비교해 미세 플라스틱은 잔류성 유기 오염 물질을 100배 이상 더 축적하는 것이 확인되었다.[34] 지구 환경에서 미세 플라스틱은 비정형 조각(fragment), 폼(form), 필름(film), 선형(line), 펠릿(pellet) 등 다양한 형태로 발견된다.[35] 물체가 조각나 작아지면 주위 환경과 접하는 표면적은 넓어진다.[36] 그리고 그 넓어진 표면적에 다양한 물질과 미생물이 더 많이 붙게 된다. 미세 플라스틱 표면에 미생물이 서식하게 되면 생물막(bio film)을 만들어 쉽게 제거되지 않아 잠재적인 감염성 질환의 원인이 될 수 있다. 마치 미생물 군인들이 총과 화약을 들고 벙커를 만들어 숨어 있는 것과 같다. 이렇게 '독

---

[32] Microplastic-toxic chemical interaction: a review study on quantified levels, mechanism and implication, Andrew Wirnkor Verla, SN Applied Sciences, 2019
[33] Components of plastic: experimental studies in animals and relevance for human health, Talsness, C.E. Philos Trans R Soc Lond B Biol Sci, 2009
[34] 미세 플라스틱 현황과 인체에 미치는 영향, 류지현, 공업화학 전망, 2019
[35] 미세 플라스틱의 건강 피해 저감 연구, 박정규, KEI 사업보고서 2019-10
[36] 예를 들어 각 면의 길이가 1m인 정육면체 플라스틱에는 주변 환경과 맞닿은 1m²의 면이 6개 있으며 결과적으로 주위 환경과 접하는 전체 표면적은 (1m * 1m * 1m * 6면) = 6m³이 된다. 그런데 이 정육면체 플라스틱이 조각나 각 면의 길이가 1/2인 0.5m로 작아지면 주위 환경과 접하는 전체 표면적은 0.5m * 0.5m * 6면 * 8개 = 12m³이 된다. 여기서 길이가 또 1/2인 0.25m로 작아지면, 주위 환경과 접하는 전체 표면적은 0.25m * 0.25m * 6면 * 64개 = 24m³이 된다. 결국 크기가 작아질수록 주위 환경과 접하는 표면적은 커진다.

이 든 화학 칵테일'이 탄생한다.

 큰 막대 사탕이 떨어져 조각나고 미세 사탕이 되어도 그 맛은 처음과 같다. 그런데 떨어진 사탕 표면에 흙, 먼지, 침, 분변 등 오염 물질이 묻고 개미뿐 아니라 눈에 보이지 않은 다양한 미생물이 꼬인다. 떨어진 사탕은 기본적으로 처음에 만들어진 단맛이지만 시간이 지나고 작아지면서 독이 든 사탕이 된다.

5
미세 플라스틱의 발생 현황

 미세 플라스틱은 농업, 공업, 의학, 물류 등 대부분의 산업과 생활 전반에서 발생한다. 플라스틱 제품, 합성 의류 직물, 산업 폐기물, 도로 먼지, 폐수 처리 및 슬러지(sludge) 등으로 다양하게 발생한 미세 플라스틱은 물과 바람에 의해 이곳저곳으로 운반된다. 따라서 미세 플라스틱은 해양, 담수, 농업 생태계, 대기, 식품 및 음료수 등의 자연 환경뿐 아니라 동식물과 인간의 몸에서도 다양한 형태, 크기, 농도로 검출되고 있다.[37][38]

(1) 미세 플라스틱 배출량

 플라스틱은 잘 분해되지 않기 때문에 기본적으로 플라스틱 제품을 만드는 것 자체가 미세 플라스틱의 발생 원인이다. 구체적으로 화장품 및 개인 용품, 세제 및 세척제, 페인트 및 코팅제, 공업, 농업, 의약 및 의료, 폐수 처리, 건축, 도로 및 타이어 마모 등에서 미세 플라스틱이 발생한다. 불확실하고 제한된 정보로 인해 정확한 계산은 어렵지만 우

---

[37] A detailed review study on potential effects of microplastics and additives of concern on human health, Claudia Campanale, International Journal of Environmental Research and Public Health, 2020
[38] 미세 플라스틱의 건강 피해 저감 연구, 박정규, KEI 사업보고서 2019-10

리나라 미세 플라스틱의 발생 잠재량은 연간 6만 3천~21만 6천 톤으로 추정되며 선박 수송, 타이어 분진 그리고 가정 세탁 순으로 높다고 보고되었다.[39]

2021년 미국의 국립과학공학의학원(National Academies of Science, Engineering, and Medicine, NASEM)이 발표한 세계 해양 플라스틱 쓰레기에 관한 보고서에 의하면 전 세계 플라스틱 생산량은 1966년 2천만 톤에서 2015년 3억 8,100만 톤으로 19배 이상 증가했다. 2016년 기준으로 미국인 한 명이 1년 동안 약 130kg의 플라스틱 쓰레기를 배출하고 있다.[40] '역시 미국이 플라스틱 문제의 주범이네'라고 생각할 수 있지만 한국인 역시 1인당 연간 88kg의 플라스틱 쓰레기를 배출하고 있으며 이것은 미국, 영국에 이어 세계 3위에 해당한다.

(2) 자연 환경으로 배출되는 미세 플라스틱

1장에서 식수, 음식, 공기 등의 자연 환경에 미세 플라스틱이 많이 존재하는 것을 알아봤다. 조금 더 살펴보면 맥주, 꿀, 설탕, 정어리 통조림에도 미세 플라스틱이 많이 존재한다. 독일, 프랑스, 이탈리아, 스페인, 멕시코에서 채취한 총 19개의 모든 꿀 시료에서 미세 플라스

---

[39] 우리나라 미세 플라스틱의 발생 잠재량 추정-1차 배출원 중심으로, 이혜성, J. Korean Soc. Oceanogr, 2017
[40] United States contributions to global ocean plastic waste, NASEM, 2021

틱이 관찰되었고 이를 꿀 1kg당으로 계산하면 섬유 미세 플라스틱은 166±147개, 조각 미세 플라스틱은 9±9개이다. 또한 마트에서 판매하는 설탕에서도 미세 플라스틱이 관찰되었고 이를 설탕 1kg당으로 계산하면 섬유 플라스틱은 217±123개, 조각 미세 플라스틱은 32±7개에 해당한다.[41] 또한 4대 대륙 13개국에서 생산된 20개 상품의 수산물 가공 제품(정어리, 청어 통조림)에서도 미세 플라스틱이 관찰되었다.[42]

플라스틱의 종류에 상관없이 미세 플라스틱은 하수 정화 시설에서 효과적으로 걸러지지 못하고 결국 강과 바다로 흘러간다.[43] 미국 오대호(Great Lakes)의 29개 강 지류 담수의 플라스틱 조각을 조사한 연구에 의하면 측정된 107개 시료 모두에서 플라스틱이 발견되었고 최대 농도는 32개/m^3이었다.[44] 강으로 흘러간 플라스틱은 바다로 흘러가 해류에 의해 쓰레기 섬이 된다. 대표적으로 태평양 거대 쓰레기 지대(Great Pacific Garbage Patch)라고 불리는 곳은 그 크기가 대한민국 면적의 16배 이상이며 급속히 더 커지고 있다.[45] 2015년 기

---

41) Non-pollen particulates in honey and sugar, Gerd Liebezeit, Food Additives & Contaminants: PART A, volume 30, 2013
42) Microplastic and mesoplastic contamination in canned sardines and sprats, Ali Karami, Scinece of The Total Environment, 2018
43) FR-IR Microscope를 이용한 합성 섬유의 미세 플라스틱 분석, 김지현, 환경분석과 독성보건, 2020
44) Plastic debris in 29 Great Lakes tributaries: Relations to watershed attributes and hydrology, Austin K. Baldwin, Environmental Sciences & Technology, 2016
45) Evidence that the Great Pacific Garbage Patch is rapidly accumulating plastic, L. Lebreton, Nature scientific reports, 2017

준으로 세계적으로 최소 880만 톤의 플라스틱 쓰레기가 바다로 유입되고 있다.[46] 1분마다 덤프트럭 1대 분량의 플라스틱 쓰레기를 바다에 버리는 셈이다. 이는 매일 트럭 1,440대에 해당하는 양이다. 2017년 해외 연구 결과에 의하면 플라스틱 제조, 유통, 사용에서 유실된 미세 플라스틱의 약 48%가 해양으로 배출되고 나머지는 토양 혹은 하수 슬러지에 잔류하는 것으로 추정된다.[47] 해양으로 유출되는 미세 플라스틱은 세탁 후 발생하는 합성 섬유가 약 35%, 마모된 타이어가 약 28%를 차지한다.

바다 위에 있는 플라스틱은 조각나고 작아져 다시 대기로 이동한다. 2020년 PLOS ONE에 발표된 연구에 의하면 해양에 있는 플라스틱은 햇빛, 바람, 파도에 의해 미세 플라스틱이 되고 파도에 의해 스프레이처럼 공기 중으로 뿌려져 바람을 타고 해안으로 이동되고 그 양은 연간 13만 6천 톤으로 추정된다.[48] 참고적으로 북유럽의 눈이 많이 내리는 나라에서는 도로 제빙을 위한 염을 많이 사용하는데 이에 의해서도 많은 미세 플라스틱이 발생한다는 보고가 있다.[49]

우리는 추운 겨울에도 신선한 과일과 채소를 먹는다. 이것은 백색

---

46) United States contributions to global ocean plastic waste, NASEM, 2021
47) Primary microplastics in the oceans, Julien Boucher, IUCN, 2017
48) Examination of the ocean as a source for atmospheric microplastics, Steve Allen, PLOS ONE, 2020
49) Road de-icing salt: Assessment of a potential new source and pathway of microplastics particles from roads, Elisabeth S. Rødland, Science of the Total Environment, 2020

혁명(white revolution)이라고 불리는 농업용 비닐하우스가 있기에 가능한 일이다. 비닐하우스는 온실의 일종으로 투명한 막을 이용해 태양열을 가둬 따뜻함을 유지하여 농작물을 잘 자라게 하는 용도로 사용한다. 온실(green house)이라고 하면 유리로 된 온실을 떠올리기 쉽지만 실제로는 플라스틱의 일종인 PVC로 만든 비닐을 가장 많이 사용한다. 유리에 비해 훨씬 싸기 때문이다. 그래서 비닐하우스를 영어로 플라스틱 온실(plastic greenhouse)이라고 부른다. 비닐하우스 외에도 강우로 인한 토양 유실을 막고 농작물 재배 효율을 높이기 위해 비닐로 토양의 표면을 덮어 준다. 이것을 멀칭(mulching)이라고 하는데 과거에는 볏짚, 목초 등을 사용하였으나 최근에는 대부분 PE나 PVC 등의 플라스틱 필름을 이용한다. 멀칭으로 사용하는 플라스틱 파편과 첨가제는 토양에 축적되어 장기적으로 토양의 퇴화나 수분 저항성을 높이는 것으로 보고되었다.[50] 비닐하우스에 사용되는 비닐은 매우 두껍고 넓다. 따라서 이미 사용된 비닐하우스도 잘라 방수 등의 목적으로 재사용하거나 폐비닐로 반납하기도 한다. 과거에는 이를 불법적으로 태워 없애는 경우가 있어 문제가 되었고 최근에는 수거하여 처리하지만 결국 고형 연료 제품(solid refuse fuel, SRF)으로 만들어 열분해 공정의 에너지로 연소해 사용하거나 매립해 대기, 토양, 수질 오염의 원인으로 지목되고 있다.

2021년 Environmental Science & Technology에 게재된 연구에서 총 50개의 농업용 플라스틱 필름을 조사해 PVC, mPE(metallocene

---

[50] 미세 플라스틱 현황과 인체에 미치는 영향, 류지현, 공업화학 전망, 2019

polyethylene), EVA(ethylene vinyl acetate), PO(polyolefin) 그리고 세 가지 제초 필름으로 구분했다. 대부분의 농업용 플라스틱 필름에서 내분비 교란물질인 프탈레이트(Bis(2-ethylhexyl) phthalate, DEHP)가 검출되었고, 플라스틱 필름 두께가 얇을수록 더 빨리 방출되는 것으로 확인되었다. 또한 이 연구에서 PVC와 mPE의 발암성에 대해 관심을 가져야 함을 경고하고 있는데 플라스틱의 건강 장해는 2부에서 더 자세히 알아보기로 하자.

흥미롭게도 플라스틱 포장을 뜯을 때도 미세 플라스틱이 발생한다. 2020년 Nature research에 게재된 Scientific reports에 의하면 플라스틱 용기, 가방, 테이프, 뚜껑을 가위로 자르거나, 손으로 찢거나, 손으로 비틀어 여는 간단한 일상 동작에서도 1cm당 0.46~250개의 미세 플라스틱이 발생하는 것으로 보고되었다.[51]

타이어 마모나 옷을 세탁할 때 발생하는 미세 플라스틱이 많다는 사실은 우리가 아무리 플라스틱을 적게 사용하고 재활용을 잘한다고 해도 미세 플라스틱을 줄이기 힘들다는 것을 의미한다. 플라스틱 시대에 살고 있는 현대인인 '호모 플라스티쿠스'는 플라스틱 합성 섬유로 된 옷을 입고 플라스틱 타이어로 움직이는 자동차를 타야만 생활할 수 있다. 플라스틱을 공학적으로 분해하는 기술을 시급히 개발해야 하는 이유가 여기에 있다. 결자해지(結者解之)의 마음으로 우리가 인공적으로 만든 플라스틱은 우리가 인공적으로 분해해야 한다.

---

51) Micoplastics generated when opening plastic packaging, Zahra Sobhani, Nature research Scientific reports, 2020

(3) 인체에서도 확인되는 미세 플라스틱

미세 플라스틱이 자연 환경에만 존재하는 것은 아니다. 인간은 해산물을 먹으면서 미세 플라스틱도 함께 섭취한다.[52] 2015년 기준으로 전 세계 사람들은 해산물 섭취를 통해 전체 단백질 섭취량의 6.7%, 동물성 단백질 섭취량의 약 17%를 얻는다. 미국인 1인당 해산물 소비는 1인당 연간 7kg로 보고되었는데 해산물과 생선을 좋아하는 우리나라 사람들은 더 많은 양을 섭취할 것으로 예상된다. 참고적으로 조개류나 작은 물고기를 통째로 먹는 것은 미세 플라스틱 노출에 더 큰 영향을 준다. 영국인은 1일당 연간 123개의 미세 플라스틱을 홍합을 통해 먹는다고 하는데 가정집에서 먼지를 통해 흡입하는 미세 플라스틱은 연간 13,731~68,415개로 더 많다는 보고가 있다.[53]

이렇게 여러 경로를 통해 인체 내로 들어온 미세 플라스틱은 인간의 장과 대변에서 관찰된다.[54] 2018년 빈 의과 대학교(Medical university of Vienna) 연구팀이 발표한 결과에 의하면 세계 8개국 건강한 성인의 대변 시료 모두에서 미세 플라스틱이 발견되었다. 이 연구의 대변 시료에서 분석 가능했던 10종의 플라스틱 중 9종이 확

---

52) Microplastics in seafood and the implications for human health, Madeleine Smith, Current environmental health reports, 2018
53) Low levels of microplastics in wild mussels indicate that MP ingestion by humans is minimal compared to exposure via household fibres fallout during a meal, Catarino, A.I., Environ. Pollut., 2018
54) Detection of various microplastics in human stool: A prospective case seires, Schwabl P, Ann ntern Med., 2019

인되었고 시료당 3~7개의 미세 플라스틱이 측정되었다.[55] 2020년 발표된 연구에 의하면 대장 절제술을 받은 성인 11명의 절제된 대장 조직 표본 모두에서 평균 331개의 미세 플라스틱이 관찰되었고 이는 1g당 28.1±15.4개에 해당한다. 관찰된 미세 플라스틱은 필라멘트 또는 섬유 입자가 96.1%였으며 73.1%가 투명한 플라스틱이었다.[56]

2021년 Environmental Science and Technology에 게재된 연구에 의하면 미국 뉴욕주에서 수집한 3개의 신생아 태변, 6개의 유아, 10개의 성인 대변 시료에서 미세 플라스틱인 PET와 PC(polycarbonate)가 발견되었다. 태변 시료 3개 중 2개에서도 PET가 발견되었고 나머지 1개 시료에서는 PC가 확인되었다.[57] 태변에서 미세 플라스틱이 검출되는 것은 임신 중 산모가 섭취한 미세 플라스틱이 태반을 통해 태아에게 전달되어 흡수된다는 의미이다. 중앙값으로 비교해 유아 대변의 PET는 성인보다 13배 많았고 PC는 70% 수준이었는데 이를 체중으로 비교하면 유아의 대변에는 성인보다 PET는 14배, PC는 4배 이상이 많다. 인간은 엄마 배 속에서 태어나기도 전부터 미세 플라스틱은 먹기 시작한다. 그리고 유아가 성인보다 더 많은 미세 플라스틱에 노출되고 있다. 왜냐하면 아이들은 뭐든

---

55) Assessment of microplastic concentrations in human stool final results of a preospective study, Bettina Liebmann, Conference on nano and microplastics in technical and freshwater systems, Microplastics, 2018
56) Detection of microplastics in human colectomy specimens, Yusof Shuaib Ibrahim, An open access journal of gastroenterology and hepatology, 2020
57) Occurrence of polyethylene terephthalate and polycarbonate microplastics in infant and adult feces, Junjie Zhang, Environmental Science and Technology, 2021

지 물고 빠는데 젖병, 쪽쪽이, 컵, 그릇, 장난감, 옷 등 대부분의 유아용품이 플라스틱이기 때문이다.

2020년 미국 애리조나 주립대학 연구팀은 미국화학학회(American Chemical Society) 연례 학술 회의에서 기증받은 시신의 폐, 간, 비장, 신장 등 47개 기관과 조직에서 예외 없이 미세 플라스틱이 확인된다고 밝혔다.[58] 충격적인 사실이다. 현재 지구에 살고 있는 인간은 임산부, 태아, 유아, 성인, 노인 구분 없이 다양한 플라스틱을 편식하지 않고 골고루 먹고 있고 인체의 모든 조직은 이미 미세 플라스틱으로 오염되어 있는 상황이다.

---

58) 인체 모든 조직, 미세 플라스틱 오염, 공공보건포털, 연합뉴스 2020년 8월 18일 기사

6
미세 플라스틱의 과학적 측정

미세 플라스틱은 과학적으로 어떻게 측정할까? 아직 공인된 미세 플라스틱 분석 방법은 없으나 일반적으로 미세 플라스틱은 시료 채취, 전처리, 분석 과정을 통해 측정한다.

(1) 시료 채취

미세 플라스틱이 있을 것으로 생각되는 시료를 채취해 일반적으로 $330\mu m$ 크기의 망(mesh)을 사용해 걸러 분석할 수 있는 시료로 만든다. 채의 크기는 분석하고자 하는 플라스틱의 크기에 따라 다양하다.

(2) 전처리

채로 거른 후에도 시료 내에 다양한 물질이 존재한다. 따라서 NaCl, NaI, $ZnCl_2$ 등의 시약을 물에 녹여 밀도를 높인 후 미세 플라스틱을 상층으로 띄워 하층부에 가라 앉은 물질을 제거한다. 이를 밀도 분리라고 한다. 또는 과산화수소(H_2O_2)로 유기 물질을 분해 후 여과지로 여과한다. 이를 유기물 분해라고 한다. 이 외에도 미세 플라스틱을 다른 물질과 구분하기 위해 색소로 염색하거나 효소로 분해하거나 초음파 처리를 하는 등 다양한 전처리 과정이 필요하다.

(3) 분석

실질적인 분석을 위해서는 먼저 미세 플라스틱의 성분, 크기, 모양 등의 정보를 알고 있어야 한다. 먼저 광학 현미경(Optical Microscope, OM)을 사용해 육안으로 미세 플라스틱을 선별한다. 이후 푸리에 변환 적외선 분광법(Fourier Transform InfraRed spectroscopy, FT-IR) 또는 라만현미경(Raman microscope)을 사용해 분석한다.[59] FT-IR 현미경으로 측정된 스펙트럼을 미리 알고 있는 저장된 라이브러리와 비교해 미세 플라스틱의 재질을 확인한다. FT-IR 현미경에 초점면 배열(Forcal Plane Array, FPA) 기술 장치를 결합하면 짧은 시간에 고화질 영상을 얻을 수 있다.[60] 마지막으로 소프트웨어를 이용해 미세 플라스틱의 개수를 센다.[61] 참고적으로 50μm 이하의 매우 작은 미세 플라스틱은 FT-IR 현미경으로 신속하게 측정하기 힘들어 라만 현미경을 사용한다.

---

59) 라만 및 FT-IR 현미경을 이용한 천일염 중 미세 플라스틱 분석, 조수아, 한국분석과학회지, 2019
60) FT-IR Microscope를 이용한 합성 섬유의 미세 플라스틱 분석, 김지현, 환경 분석과 독성 보건, 2020
61) 담수 환경에서의 미세 플라스틱 검출 및 위해서 평가에 관한 고찰, 김문경, 보건학 논집, 2019

현실적으로 미세 플라스틱 시료의 채취 방법, 위치, 자연 환경과 인체 조건이 모두 다르므로 정량적으로 일정하게 측정하는 것은 매우 어렵다. 미세 플라스틱 측정 결과가 연구마다 크게 차이 나는 원인도 이와 무관하지 않을 것으로 생각한다. 2020년 Environmental Science(Methods X) 학술지의 편집장이 발표한 미세 플라스틱 분석의 주요 과제는 아래와 같다.[62] 전문적인 내용이므로 과학적인 미세 플라스틱 측정과 분석을 위해 지속적으로 노력하고 있다 정도로 이해하면 좋겠다.

(4) 미세 플라스틱 측정과 관련한 최신 연구 주제

- 침전물 샘플링 시 오염 방지를 위해 플라스틱 튜브 대신 알루미늄 코어 사용.
- PVC 오염을 방지하기 위해 침전물 미세 플라스틱 분리 장치를 효과적으로 조정.
- 전처리 밀도 분리를 할 때 ZnCl2 재사용하여 미세 플라스틱 추출.
- 퇴적물, 토양 및 슬러지에서 미세 플라스틱 추출을 위한 퀘처스(QuEChERS) 방법.
- 마이크로 FT-IR 현미경을 이용해 흙과 아가(algae)에 있는 PE, PP, PA, PVC, PES 및 PET 섬유 혼합물 도표화.
- Fenton 정제 및 FT-IR 식별을 사용한 슬러지 내 LDPE 측정.

---

62) Microplastics analysis, Damia Barcelo, MethodsX editorial, 2020

- 모래 시료 내 미세 플라스틱 분석을 위해 기포를 사용한 FT-IR 현미경 이용.
- 지표수의 미세플라스틱 측정을 위한 FT-IR 검사법 검증.
- 무한 싱크 방식을 사용하여 PVC를 형성하는 프탈레이트의 침출.[63]
- Cascade 여과 및 열분해 GC-MS를 사용한 폐수 내 미세 플라스틱 식별.
- 먹이 사슬의 일부인 동물성 플랑크톤, 어류 알, 어류 유충을 대상으로 하는 미세 플라스틱의 생태학적 접근.
- 악어과 파충류 내의 미세 플라스틱을 정량화하기 위한 위장 세척 기술.
- 공초점 레이저 주사 현미경을 이용한 미세 플라스틱의 식물 흡수 측정.
- Nile Red와 마이크로 라만을 이용한 실내외 공기 중 미세 플라스틱의 수동 침착과 관련한 프로토콜 단순화.

---

63) 침출(leaching)은 습윤 상태에 있는 침전물을 다시 분리해 내는 화학 분석 기법을 말한다.

+ 코로나19와 미세 플라스틱

최근 코로나19 전염병 유행으로 인해 많은 의료 폐기물이 발생했고 배달 음식 주문이 늘면서 일회용 플라스틱 사용이 급증했다. 코로나19 유행 이후 전 세계적으로 800만 톤 이상의 플라스틱 폐기물이 추가로 발생하였고 2만 5천 톤 이상이 바다로 유입된 것으로 보고되었다. 이중 병원 폐기물이 73%를 차지했다.[64] 우리나라 한국환경공단 통계 자료에 의하면 코로나19 유행 이후인 2020년 일평균 쓰레기 발생량은 약 55만 톤으로 전년보다 8.8% 증가하였으며 이는 발생량과 증가폭 모두 역대 최고이다.[65] 2019년 12월 발표된 환경부 의료 폐기물 분리 배출 지침에 의하면 의료 폐기물은 전용 용기에 담아 수집되어 전용 소각 시설에서 소각된다.[66]

잠시 코로나19 예방을 위해 쓰고 있는 일회용 마스크를 살펴보자. 일회용 마스크는 가운데 필터, 귀걸이용 양쪽 끈, 코편 철사로 구성된다. 즉 일회용 마스크는 복합적인 재질로 구성되어 있어 분리해 버리기 쉽지 않고 감염의 우려도 있어 대부분 매립하거나 소각한다. 일회용 마스크의 필터는 종이가 아니고 플라스틱의 일종인 PP이다. PP가 매립되어 자연 분해되는 시간은 450년 정도로 추정되고 있으며 소각

---

64) Plastic waste release caused by COVID-19 and its fate in the global ocean, Yiming Perng, PNAS, 2021
65) 코로나로 플라스틱 쓰레기 폭증, 소각도 매립도 이젠 한계, 동아일보 2022년
66) 의료 폐기물 분리 배출 지침, 환경부, 2019

할 경우에는 소각된 PP 양의 약 3배의 온실가스가 발생한다. 매립해도 문제 소각해도 문제가 된다. 말 그대로 진퇴양난(進退兩難)이다. 귀걸이용 양쪽 끈은 폴리우레탄(PUR)인데 해양 동식물이 이것을 먹고 소화시키지 못해 죽거나 이 고무줄 같은 끈에 다리나 날개가 엉켜 고립돼 죽는다. 인간은 거미줄보다 무서운 플라스틱 덫을 지구 곳곳에 놓고 있다. 이런 상황을 인지하고 적어도 마스크 끈을 가위로 자르거나 잘 말아서 버리자고 주장하는 사람들도 있지만 길거리에 그냥 너부러져 있는 마스크를 자주 보게 된다. 그리고 우리는 일회용 마스크를 자르거나 잘 잘라 말아 버리는 것이 궁극적인 해결책이 아님을 잘 알고 있다. 국민권익위원회에 의하면 우리나라 국민은 평균 2.3일당 1개의 일회용 마스크를 쓰고 있다. 매일 2,000만 개가 넘는 일회용 마스크가 사용되고 있는 수준이다.[67] 이는 엄청난 양이다. 지금의 코로나19 감염 사태는 쉽게 진정되지 않을 것이다. 더 중요한 것은 시간이 지나 진정되더라도 일회용 마스크, 일회용 플라스틱 사용 증가에 따른 큰 대가가 기다리고 있다.

---

67) 폐마스크 매일 2000만 개, 썩는데 450년(코로나 1년, 무심코 버린 마스크의 환경파괴), 조선일보 2021년 4월 26일 기사 / https://www.chosun.com/national/national_general/2021/04/26/UDKKJTJQ2JFSTLFRFBJFNPWDHI/

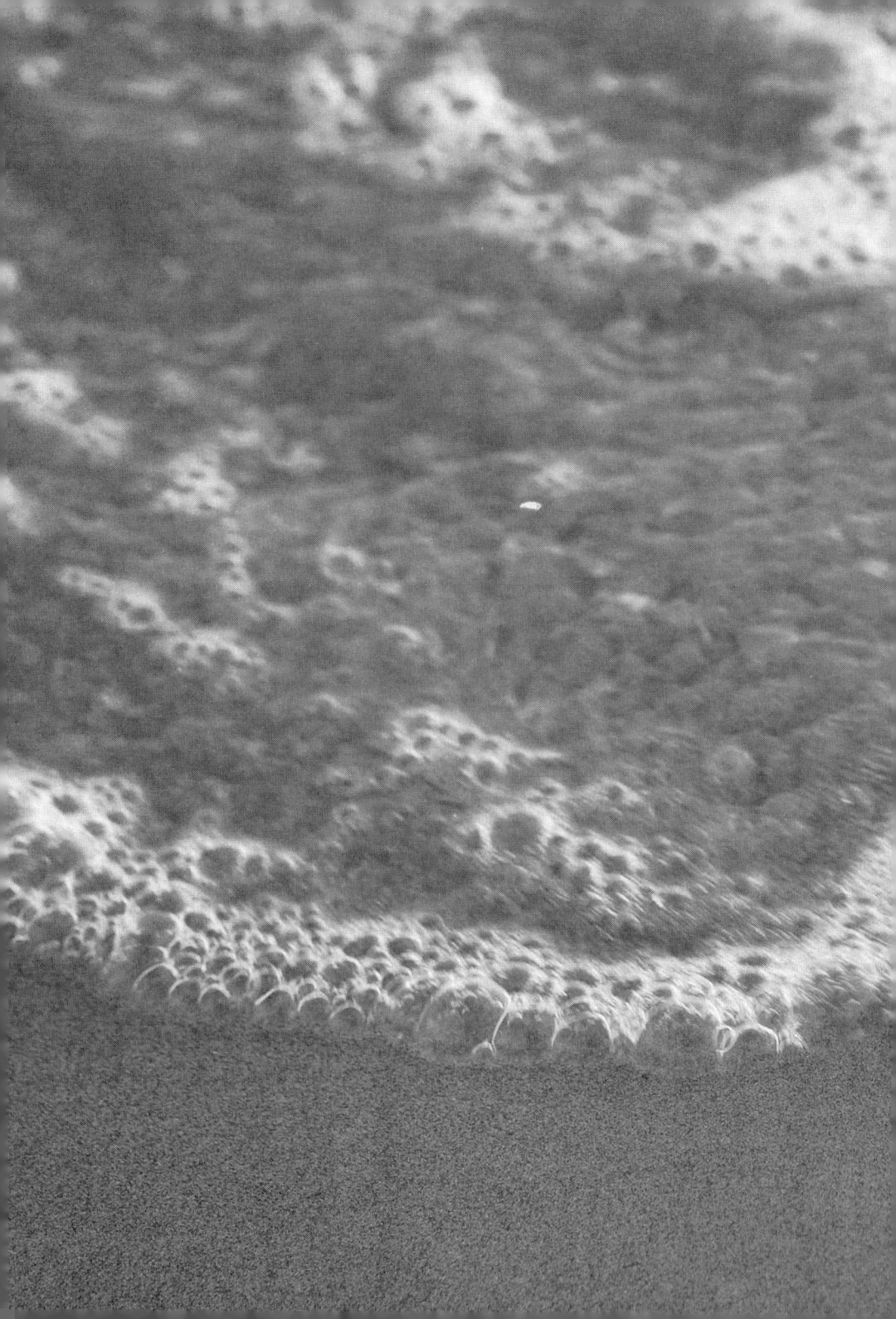

2부

미세 플라스틱의 건강 장해

1

미세 플라스틱의 지구 환경과 생물 영향 그리고 생물 농축

지구에서 가장 깊은 바다는 태평양에 있는 마리아나 해구(Marianas Trench)인데 해발 8,848m의 에베레스트 산(Mount Everest)의 높이보다 2,000m 이상 더 깊다고 한다. 그런데 이 깊은 바다 속에도 플라스틱 쓰레기가 흩어져 있다. 2014년 마리아나 해구 탐사 팀은 새로운 수중 생물을 발견했는데 이 생물의 소화관은 이미 PET 미세 플라스틱으로 가득했다.[68] 이 생물의 이름은 에우리테네스 플라스티쿠스(Eurythenes plasticus)로 지어졌다. 플라스틱 환경 오염을 상기시키기 위함이다.

<에우리테네스 플라스티쿠스(Eurythenes plasticus)>

2019년 Nature scientific reports에 실린 연구에 의하면 인간으

---

68) New species of Eurythenes from hadal depths of the Mariana Trench, Pacific Ocean, Hohanna. J. Weston, Zootaxa, 2020

로부터 멀리 떨어져 있는 남극 지역에 서식하는 젠투펭귄(gentoo penguin)의 배설물에서도 다양한 미세 플라스틱이 발견되었다.[69] 이제 지역에 관계없이 지구에 살고 있는 모든 생명체는 플라스틱의 영향을 받는다. 플라스틱은 우리 생활 전반을 편리하게 변화시켰다. 반면 플라스틱은 해양뿐 아니라, 토양, 대기를 포함한 전 지구환경과 생물에 영향을 주고 있다. 그리고 결국 생물 농축을 통해 인간의 건강에도 영향을 미친다.

(1) 미세 플라스틱의 해양 환경 영향

해양 환경에 살고 있는 많은 동물들은 작은 플라스틱을 먹이로 오인해 먹고 소화시키지 못해 죽거나 플라스틱 쓰레기에 얽혀 고립되어 죽는다. 1997년 발표된 연구에 의하면, 매년 수백만 마리의 해양 동물이 플라스틱 조각을 먹고 소화 장애로 죽고 있다.[70]

---

69) Microplastics in gentoo penguins from the Antarctic region, Filipa Bessa, Nature scientific reports, 2019
70) Impacts of marine debris: Entanglement of marine life in marine debris including a comprehensive list of species with entanglement and ingestion records, Lasist D.W, Mar. Debris Sources Impacts Solut., 1997

출처: 세계자연기금(World Wildlife Fund, WWF)

　미생물에게 해양에 버려진 플라스틱은 새로 건축된 아파트와 같은 집이다. 해양 미생물은 미세 플라스틱 조각에 모여 빠른 속도로 증식하며 이를 '플라스틱스피어(plastisphere)'라고 부른다.[71] 일반적으로 물질의 비중이 1.02보다 크면 물위에 뜨고 이보다 작으면 가라앉는데 미세플라스틱 중 PE, PP, PS는 물위에 뜨고 PC, PET, PUR 등은 가라 앉는다. 바다 밑으로 가라앉은 미세 플라스틱은 빛이 도달 가능한 유광층(euphotic)과 빛이 도달하지 못하는 무광측(aphotic)에서 다른 환경을 조성할 것이고 플라스틱을 먹이로 사용하거나 소화할 수 있는 미생물이 생존 경쟁에서 우위를 차지할 것으로 예상된다.[72]

---

71) Marine plastic debris: A new surface for microbial colonization, Robyn J. Wright, Environmental Science & Technology, 2020
72) Current insights into monitoring, bioaccumulation, and potential health effects of microplastics present in the food chain, Leonard W.D. van Raamsdonk, Foods, 2019

<플라스틱스피어(plastisphere)>

(2) 미세 플라스틱의 토양 환경 영향

땅속의 흙은 물과 공기를 함유하고 있으며 놀랍게도 건강한 토양 1g 속에는 2억 마리 이상의 미생물이 서식하고 있다. 미생물과 식물 뿌리의 호흡으로 발생하는 이산화탄소는 공기로 이동하고 공기 중 산소는 토양으로 이동하며 교환된다. 토양 미생물들은 복잡하지만 서로 균형과 조화를 이루며 물질 순환 기능을 하고 있으며 이를 통해 작물이 생장한다.[73]

미세 플라스틱은 토양의 물리, 화학, 생물학적 특성을 변화시킨다.[74] 플라스틱 입자는 많은 불활성화 탄소를 함유하고 있으며 쉽게 분해되지 않는다. 합성 섬유의 극세사와 같은 미세 플라스틱은 토양의 부피 밀도(bulk density)를 낮춰 토양의 수분 증발을 증가시키고 땅을 마르게 한다. 쉽게 말해 토양에 흙이 가득 차 있어야 빈틈없이

---

[73] 농업 환경과 미생물, 가종억, 자연보존, 2007
[74] Microplastic effects on plants, Matthisa C., New Phytologist, 2019

물이 증발하지 않고 모여 있게 되며 그 물이 토양 미생물과 생물 생장에 쓰인다. 그런데 플라스틱이 토양에 섞이게 되면 사이사이에 공간이 생겨 흙이 뭉치지 못하고 그 틈을 통해 물이 공기 중으로 증발해 버린다. 또한 미세 플라스틱은 토양 미생물의 이동을 방해하고 식물 뿌리와 토양 미생물에 직접적인 독성을 야기한다. 크기가 매우 작은 나노 플라스틱은 식물 뿌리 안으로 직접 들어갈 수 있고 세포벽과 세포내 분자를 변경시키고 산화 스트레스 손상을 주는 것으로 보고되었다.[75] 이와 같이 토양 환경이 변하면 토양 동식물은 영양과 생장 그리고 생존에 영향을 준다.

2020년 Nature Communication에 게재된 연구에서 미세 플라스틱이 퇴적 미생물 생태계와 질소 순환에 어떤 영향을 주는지에 관한 흥미로운 실험을 수행했다.[76] 이 실험에서 일반적인 토양을 대조군(control)으로 하고 나머지 4개의 환경에는 플라스틱의 일종인 PE, PVC, PUR(polyurethane), PLA(polylactic acid)가 각각 함유된 토양으로 만들어 동일한 조건으로 산소를 주입해 주었다. 그리고 첫날, 7일 후, 16일 후 각 5가지의 환경에서 어떤 미생물이 주로 서식하는지 확인했다. 그 결과 플라스틱이 포함된 각각의 환경에서는 대조군과는 다른 미생물이 서식하고 있었다. 일반적으로 대기 중에 있는 질소는 토양으로 유입되어 뿌리혹박테리아와 같은 질소고정 미생물에 의

---

[75] Effects of polystyrene nanoparticles on the microbiota and functional diversity of enzymes in soil, Awet T.T., Environmental Sciences Europe, 2018
[76] Microplastics affect sedimentary micobial communities and nitrogen cyling, Meredith E. Seeley, Nature communication, 2020

해 암모니아화 작용(ammonification)을 거치고 질산화 세균에 의해 질산화 작용(nitrification) 그리고 탈질소 미생물에 의한 탈질화 작용(denitrification)을 거쳐 다시 대기 중으로 방출된다. 이를 질소 순환(nitrogen cycle)이라고 한다. 그런데 PUR 및 PLA가 있는 토양에서는 질산화와 탈질화 작용이 촉진되었고 PVC가 있는 토양에서는 이 두 과정이 모두 억제되었다. 쉽게 말해 미세 플라스틱은 토양 미생물 종류를 변화시켜 토양 생태계의 질소 순환 과정에 영향을 준다. 이런 변화가 구체적으로 인간의 삶에 어떤 결과를 줄지 아직 정확히 알 수 없지만 플라스틱에 의해 지구의 토양 환경이 변하고 있다는 사실을 주의 깊게 지켜봐야 한다.

(3) 미세 플라스틱의 대기 환경 영향

소각은 태워 없애는 것으로 가장 간단한 쓰레기 처리 방법인 동시에 환경에 가장 유해한 방법이다. 플라스틱을 소각하면 이산화탄소와 같은 온실가스[77]가 발생하며 퓨란(furan), 수은, 폴리염화비페닐(polychlorinated biphenyl, PCBs), 다환방향족탄화수소(polycyclic aromatic hydrocarbons, PAHs) 등의 유해한 물질이 대기 중으로 방출된다. 구체적으로 PP 플라스틱을 소각하면 소각된 양의 3배 정도의 온실가스가 발생하며 스티로폼(EPS)을 소각하면 염화수소(HCl), 시

---

[77] 지구 온난화를 일으키는 이산화탄소(CO_2), 메탄(CH_4), 아산화질소(N_2O), 수소불화탄소(HFCs), 과불화탄소(PFCs), 육불화황(SF_6) 등을 말한다.

안화수소(HCN) 등의 유해가스가 방출된다.[78] PVC와 같이 염소(Cl)를 함유한 플라스틱을 태우면 아세트알데히드(acytaldehyde), 아세톤(acetone), 벤즈알데하이드(benzaldehyde), 벤졸(benzole), 포름알데히드(formaldehyde), 포스겐(phosgene), 다염소다이벤조퓨란(polychlorinated dibenzofuran), 염산(hydrochloric acid), 살리실알데히드(salicyladehyde), 톨루엔(toluene), 자일렌(xylene), 프로필렌(propylene), 염화비닐(vinyl chloride) 그리고 다이옥신(dioxin)이 발생한다. 위에 나열된 대부분의 화합물들은 직업적으로 근로자에게 노출되는 경우 산업안전보건법에 의해 물질 관리 및 근로자 건강 관리를 해야 하는 물질이다.[79] 왜냐하면 위 물질들이 인체에 노출되면 점막 및 피부 자극 증상, 신경계, 순환기계, 호흡기계, 간담도계, 비뇨기계, 조혈기계 이상뿐 아니라 암이 발생할 수 있기 때문이다.[80]

우리는 1952년 런던 스모그 사건(Great Smog of London)을 기억한다. 1952년 12월 5일에서 9일까지 5일 동안 영국 런던을 덮은 치명적인 대기 오염 물질은 기상 조건과 맞물려 약 4천 명을 죽게 했고 다음해 호흡기 질환으로 8천 명이 추가로 죽게 했다.[81] 이후 1956년 미국 대기 청정법(U.S Clean Air Act)이 제정되어 환경 보호를 위한 법이 시작되었으나 현재 우리는 더 심해진 대기 오염으로 인해 맘

---

78) Toxic pollutants from plastic waste-A review, Rinku Verma, Preocedia Environmental Sciences,, 2016
79) 근로자건강진단 실무지침, 산업안전보건연구원, 2021
80) The environmental impact of plastic waste incineration, Agnes NAGY, AARMS, 2016
81) The Great London Smog of 1952, Polivka, AJN, 2018

편히 야외 활동이 힘든 세상에 살고 있다. 플라스틱 역시 화석 연료로 만든 물질이며 소각 시 다양한 유해 물질이 발생한다. 1부에서 살펴보았듯이 의료 폐기물은 전용 용기에 수집되어 소각되며 분리수거 되지 않은 기타 플라스틱 쓰레기들도 소각된다. 결국 플라스틱은 대기 오염의 주된 원인이다.

(4) 미세 플라스틱의 생물 건강 영향

미세 플라스틱이 생물의 건강에 미치는 영향에 대한 다양한 연구들이 있는데 이를 요약해서 살펴보자.[82] 여기서 사용된 미세 플라스틱은 대부분 눈에 보이지 않는 나노 플라스틱을 의미한다(4장 참고).

물벼룩(Daphnia magna)은 수중 세균과 조류와 같은 식물성 플랑크톤을 섭취하는 무척추 동물이다. 물벼룩에 대한 미세 플라스틱의 단기 노출 효과를 알아보기 위해 PE 미세 플라스틱을 최대 96시간 동안 노출시켰더니 물벼룩의 소화관에서 미세 플라스틱이 관찰되었고 더 높은 농도에 노출될수록 움직임이 더 크게 감소하였다.[83][84] 또 다른 연구에서 물벼룩이 100nm 크기의 PS 미세 플라스틱에 노출되

---

[82] Health impacts of environmental contamination of micro-and nanoplastics: a review, Baorong Jiang, Environmental Health and Preventive Medicine, 2020

[83] Short-term exposure with high concentrations of pristine microplastic particles leads to immobilisation of Daphnia magna, Rehse S., Chemosphere., 2016

[84] Ingestion of micro- and nanoplastics in Daphnia magna – Quantification of body burdens and assessment of feeding rates and reproduction, Rist S, Environ Pollut., 2017

면 섭취 및 배설 속도가 감소하는 것이 확인된다.[85]

<물벼룩(Daphnia magna)의 장에서 관찰되는 미세 플라스틱>

플랑크톤을 먹고 사는 뚱뚱이짚신고둥(Crepidula onyx)에 PS 미세 플라스틱을 노출시키면 성장과 조기 정착이 감소하며 이후 노출이 중단되어도 성장지연이 지속되었다.[86] 섭조개(blue mussel)가 미세 플라스틱을 섭취하면 섭취 후 48시간이 지나도록 이를 완전히 체외로 배출시키지 못하며 미세 플라스틱이 섭조개의 비정상적인 발달과 기형을 유발하는 것이 확인된다.[87] 굴(oyster) 유충이 미세 플라스틱을 섭취하면 굴의 난포 수와 정자 운동성뿐 아니라 번식 장애를 유발한다.[88][89] 참고적으로 자연산과 양식 조개(Venerupis philippinarum)

---

[85] Do microplastic particles affect Daphnia magna at the morphological, life history and molecular level?, Imhof HK, PLoS One., 2017

[86] Negative effects of microplastic exposure on growth and development of Crepidula onyx, Lo HKA, Environ Pollut., 2018

[87] Potential health impact of environmentally released micro- and nanoplastics in the human food production chain: Experiences from nanotoxicology, Bouwmeester H,, Environ Sci Technol., 2015

[88] Oyster reproduction is affected by exposure to polystyrene microplastics, Sussarellu R, PNAS, 2016

[89] Nanoplastics impaired oyster free living stages, gametes and embryos, Tallec K, Environ Pollut., 2018

에 존재하는 미세 플라스틱의 농도에 유의한 차이는 없었다.[90]

미세 플라스틱은 제브라피쉬(Zebrafish, Danio rerio) 유충을 비롯한 많은 생명체의 장내 미생물 변화, 지질 대사 이상, 산화 스트레스 생성 그리고 신경 독성을 일으키는 것으로 보고되었다.[91][92][93] 제브라피쉬에 PS 미세 플라스틱을 노출시키고 7일 후 확인해 보니 5 μm 크기의 미세 플라스틱이 간, 내장, 아가미에 축적되어 있었고 70nm~5μm 크기의 미세 플라스틱은 지질 에너지 대사를 변화시키고 산화 스트레스를 발생시켜 간의 염증과 지질 축적을 유발하였다.[94][95] 다른 연구에서 PA(polyamide), PE, PP, PVC, PS 미세 플라스틱을 10일 동안 노출시켜 독성을 조사했는데 장 융모에 균열이 생기고 세포에 손상이 발생하였다.[96] 그리고 수정 후 6시간 동안 제브라피쉬 배아에 PS 미세플라스틱을 노출시켰더니 미세 플라스틱이 발달 중인 제브라피쉬의 맥락막(choroid membranes)을 통과해 난황에 축적되었다가 위장관, 담낭, 간, 췌장, 심장, 뇌로 이동했다. 사망과 같은

---

90) Microplastic ingestion by wild and cultured Manila Clams(Venerupis philippinarum) from Baynes Sound, British Columbia, Jatie Davidson, Archives of Environmental Contamination and Toxicology, 2016

91) Quantitative investigation of the mechanisms of microplastics and nanoplastics toward Zebrafish larvae locomotor activity, Chen Q., Sci. Total Environ, 2019

92) Microplastic's story, Chiara Schemid, Marine Pollution Bulletin, 2020

93) 미세플라스틱의 국내 현황 및 영향, 임지열, 물과 미래 special issue, 2019

94) Uptake and accumulation of polystyrene microplastics in zebrafish(Danio rerio)and toxic effects in liver, Lu Y, Environ Sci Technol., 2016

95) 제브라 피쉬는 수정부터 기관 형성까지 시간이 짧다. 또한 배아가 투명해 이 모든 과정을 관찰할 수 있어 실험 동물로 자주 이용된다.

96) Microplastic particles cause intestinal damage and other adverse effects in zebrafish Danio rerio and nematode Caenorhabditis elegans, Lei L, Sci Total Environ., 2018

심각한 결과는 없었지만 심장 박동이 느려지고(bradycardia, 서맥), 유충(lavae)의 활동성이 감소하였다.[97] 미세플라스틱은 Au이온과 결합해 상승적으로(synergistically) 난황 지질에 더 많이 축적된다. 이는 미세 플라스틱 자체의 건강 영향 효과는 미미하더라도 미세 플라스틱이 다른 금속 이온이나 독성 물질과 결합되어 건강 장해의 방아쇠 역할을 할 수 있음을 의미한다.[98]

<제브라피쉬(zebrafish)의 아가미, 간, 장에서 발견되는 PS 미세 플라스틱>

송사리(Japanese medaka)를 이용한 연구에서 21일 동안 실험실에서 송사리에게 PES(polyester) 또는 PP 미세 플라스틱을 노출시켰는데 주사전자현미경(scanning electron microscope, SEM)으로 아가미를 관찰해 보니 조직학적 이상 변화가 관찰되었다.[99] 생쥐(mice)를 이용한 연구에서 미세 플라스틱이 생쥐의 간, 신장, 내장에서 발견되었고 에너지 및 지질 대사 이상, 간 염증을 일으키는 것이

---

97) Uptake, tissue distribution, and toxicity of polystyrene nanoparticles in developing zebrafish(Danio rerio), Pitt JA, Aquat Toxicol., 2018
98) Bioaccumulation of polystyrene nanoplastics and their effect on the toxicity of Au ions in zebrafish embryos, Lee WS, Nanoscale., 2019
99) Chronic microfiber exposure in adult Japanese medaka(Oryzias latipes), Hu L, PLoS One, 2020

확인된다.[100] 6주 동안 수컷 생쥐에 5μm의 PS 미세 플라스틱을 노출시켰더니 장벽이 손상되어 점액 분비가 감소하였고 장내 미생물 불균형을 유발하고 간지질 대사 장애를 유발했다.[101][102]

위의 여러 연구들에 사용된 미세 플라스틱의 종류, 크기, 농도 그리고 이용된 실험 동물이 조금씩 다르다. 해당 연구들에서 이 한계점을 명시하고 추가적인 연구의 필요성을 언급하고 있다. 그럼에도 불구하고 미세 플라스틱이 다양한 생물의 성장, 번식, 생존에 영향을 주고 있는 것은 분명하다. 그런데 흥미로운 사실은 미세 플라스틱이 생물의 건강에 항상 나쁜 영향만을 주는 것은 아니라는 것이다. 식물성 플랑크톤인 녹조류(Dunaliella salina)에 미세 플라스틱을 6일간 노출시켜 보았더니 흥미롭게도 성장과 광합성을 촉진되었고 세포 수준에도 크게 나쁜 영향은 없었다.[103] 그리고 미세 조류(Raphidocelis subcapitata)는 미세 플라스틱이 있는 환경에서 오히려 더 잘 성장한다는 보고도 있다.[104] 갯지렁이(lugworm)를 대상으로 한 연구에서

---

100) Tissue accumulation of microplastics in mice and biomarker responses suggest widespread health risks of exposure, Deng Y, Sci Rep., 2017
101) Polystyrene microplastics induce gut microbiota dysbiosis and hepatic lipid metabolism disorder in mice, Lu L, Sci Total Environ., 2018
102) Impacts of polystyrene microplastic on the gut barrier, microbiota and metabolism of mice, Jin Y, Sci Total Environ,. 2019
103) Effects of micro-sized polyethylene spheres on the marine microalga Dunaliella salina: Focusing on the algal cell to plastic particle size ratio, Chae Y, Aquat Toxicol., 2019
104) Microplastic ingestion by Daphnia magna and its enhancement on algal growth, Canniff PM, Sci Total Environ., 2018

도 심각한 건강 장해가 관찰되지 않는다.[105] 미세 플라스틱의 종류와 크기에 따라 생물군은 다르지만 그것을 섭식하는 생물들이 존재한다. 미세 플라스틱을 먹이로 사용해 소화하고 큰 건강 장해 없이 오히려 성장에 도움을 받는 생물종이 있다면 이것이 미세 플라스틱 문제 해결의 중요한 열쇠가 될 것이다.

(5) 생물 농축

식물성 플랑크톤은 동물성 플랑크톤이 먹고, 동물성 플랑크톤은 물고기가 먹고, 물고기는 상위 포식자 먹는다. 그리고 그것을 최고 상위 포식자인 인간이 먹는다. 생체 내에서 분해가 잘 되지 않는 중금속, 유기 화학 물질은 상위 포식자로 갈수록 그 농도가 높아진다. 이것을 생물 농축(biomagnification)이라고 부른다. 미세 플라스틱 역시 잘 분해되지 않고 생물의 몸속에 남아 있다가 더 진한 농도로 인간의 몸으로 들어온다. 인간은 환경 오염과 생물 농축의 주된 가해자이면서 동시에 먹이 사슬의 최고 정점에 있는 주된 피해자이기도 하다.

2부 미세 플라스틱의 건강 장해를 '미세 플라스틱의 자연 환경과 생물 영향'으로 시작한 이유가 여기에 있다. 미세 플라스틱에 의한 지구 환경 변화와 생물의 생존 문제는 생물 농축으로 인해 결국 인간의 건강과 생존의 문제가 된다.

---

105) The effect of microplastic on the uptake of chemicals by the Lugworm Arenicola marina under environmentally relevant exposure conditions, Besseling E, Environ Sci Technol., 2017

2
미세 플라스틱의 건강 장해

커피를 매일 10잔씩 마시면 어떤 질병이 100년 후에 발생한다고 가정해 보자. 이 경우 커피는 인체에 크게 유해한 것이 아니다. 왜냐하면 인간의 기대 수명이 100년 이하이기 때문이다. 미세 플라스틱을 매일 한 트럭씩 마셔도 100년 이내에 질병이 발생하지 않는다면 미세 플라스틱 역시 건강에 크게 유해한 것이 아닐 수 있다. 그런데 정말 그럴까?

(1) 유해성(hazard)과 위험성(risk)

해외 뉴스에서 상어가 바닷가에서 서핑을 하는 사람을 공격하는 소식을 들을 때가 있다. 유해성(hazard)은 바닷속 상어와 같이 잠재적으로 손상을 줄 수 있는 어떤 것을 말한다.[106] 반면 위험성(risk)은 확률적인 개념이다.[107] 노출(exposure)이 있어야 확률적으로 계산할 수 있다. 이를 간략히 공식으로 표현하면 아래와 같다.

---

[106] "Hazard is something that can potentially cause harm."
[107] "Risk is the possibility of something bad happening."

위험성(risk) = 유해성(hazard) × 노출(exposure)

바닷속 상어의 유해성을 수치화해서 100이라고 가정해 보자. 그런데 내가 바다에 들어가지 않으면 위험성은 0이다. 상어가 10배 더 공격적이어서 유해성이 1,000이라고 해도 위험성은 0이다. 왜냐하면 노출(exposure)이 없기 때문이다. 그런데 바다에 들어가면 노출이 시작되는 것이고 그 정도에 따라 위험성은 증가한다.

실제 현실은 더 복잡하고 불확실한 상황이 많아 위 개념을 적용하기 힘든 경우가 많다. 그러나 기본적으로 어떤 물질의 유해성이 매우 낮은 경우 혹은 유해성이 높아도 그 물질에 인체가 노출되지 않으면 크게 해롭지 않다고 생각할 수 있다. 미세 플라스틱의 건강 장해를 이와 관련해 생각해 보자. 인간은 태어나기 전부터 엄마의 몸에 있는 미세 플라스틱을 탯줄을 통해 흡수하고(1부 5.(3) 참고), 태어나서는 매주 신용 카드 한 장 이상의 미세 플라스틱을 먹고 있다.(1부 1. 참고) 미세 플라스틱의 인체 노출이 상당하기 때문에 그 위험성은 0이 아니다. 따라서 미세 플라스틱의 유해성 및 건강 장해에 관한 연구 결과를 꼼꼼히 살펴봐야 한다.

(2) 미세 플라스틱의 유해성

플라스틱을 잘 녹지 않는 큰 사탕으로 가정해 보자. 그리고 그 사탕이 떨어지면서 부서지고 작아져 미세 사탕이 되어 우리 몸속으로 들어온다고 생각해 보자. 기본적으로 부셔지면서 표면이 뾰족해진 사탕은 우리 몸을 이동하면서 상처를 낸다. 그리고 만약 처음 사탕을 만들 때 단맛과 특유의 향과 색을 내기 위해 넣은 사탕의 원재료와 첨가제가 인체가 유해하다면 급성 독성이나 만성적인 건강 장해를 일으킬 수 있다. 추가적으로 사탕이 떨어지면서 묻은 주변의 더러운 먼지도 인체에 영향을 준다. 다시 말해, 플라스틱 자체와 첨가제의 물리적, 화학적 특성 그리고 주변 환경에서 흡수된 독소, 약물 등이 인체에 유해한 영향을 준다.[108]

2019년 해외 연구에서 다양한 플라스틱 소비 제품들을 8가지 주요 플라스틱으로 구분해 독성과 화학적 특성을 분석해 발표했다.[109] 이 중 74% 플라스틱 추출물이 독성, 세포 독성, 산화 스트레스, 호르몬(에스트로겐, 안드로겐)과 관련한 독성 기준을 초과했다. PVC, PUR이 가장 높은 독성을 유발한 반면 PET, HDPE는 독성이 없거나 낮은 것으로 확인되었고, LDPE, PS, PP의 독성은 다양했다. 또한 자연적

---

108) A detailed review study on potential effects of microplastics and additives of concern on human health, Claudia Campanale, International Journal of Environmental Research and Public Health, 2020
109) Benchmarking the in vitro toxicity and chemical composition of plastic consumer products, Lisa Zimmermann, Environ. Sci. Technol., 2019

으로 분해되는 플라스틱인 PLA 역시 높은 수준의 독성이 있는 것으로 확인된다. 안타깝지만 이 결과는 생분해성 플라스틱인 폴리 젖산 개발도 플라스틱 문제 해결의 궁극적인 해답이 아닐 수 있다는 것을 보여준다. 플라스틱 첨가제의 건강 장해는 2부 3.에서 자세히 설명할 것이다.

(3) 미세 플라스틱의 인체 이동 경로 및 인체 영향

미세 플라스틱은 일반적으로 입을 통해 식도, 위, 장과 같은 소화기로 이동하며 코를 통해 기도, 폐와 같은 호흡기로 이동한다. 소화기는 음식물이 이동하는 배관, 호흡기는 공기가 통하는 굴뚝이라고 생각할 수 있는데 이 배관과 굴뚝의 안쪽 표면은 점막(粘膜, mucous membrane)이라고 불리는 부드러운 조직으로 되어 있다. 미세 플라스틱은 이 점막을 자극한다.[110] 오물이 통하는 배관과 연기가 통하는 굴뚝 안 표면이 더러워지는 것과 같다. 칼에 손가락이 베이면 빨개지고, 아프고, 딱지가 생기는 것처럼 점막도 손상되면 이와 비슷한 염증(inflammation)반응이 일어난다. 칼에 베인 손가락은 시간이 지나면 자연적으로 회복된다. 그런데 미세 플라스틱은 계속해서 인체 내로 들어오고 지속적으로 점막을 자극한다. 베인 손가락이 회복되기도 전에 또 칼로 베고, 또 칼로 베고 하는 것과 같다.

---

110) 미세 플라스틱 현황과 인체에 미치는 영향, 류지현, 공업화학 전망, 2019

공기로 흡입된 미세 플라스틱은 기관지를 거쳐 폐로 이동한다. 인간의 폐는 매우 얇은 장벽으로 되어 있어 $1\mu m$보다 작은 입자는 주변의 모세 혈관으로 이동해 전신으로 이동한다. 개인의 감수성(susceptibility) 차이에 의해 사람마다 다를 수 있지만 미세 플라스틱은 기관지를 자극해 호흡 곤란, 천식과 같은 기관지 반응, 기관지염을 일으키며, 폐 섬유화, 폐렴 그리고 자가 면역성 질환 등을 야기한다. 50nm 크기의 PS 플라스틱 입자는 폐의 상피 세포와 대식 세포에 유전독성 및 세포 독성 효과를 초래하는 것으로 보고되었고, 직업적으로 나일론, 폴리에스테르, 폴리올레핀 및 아크릴 섬유에 노출된 근로자에서도 유사한 효과가 확인되었다. $15~20\mu m$ 크기의 작은 미세 플라스틱은 폐의 대식 세포(macrophage)에 의해 제거되지 않으며 이 보다 더 작은 PS는 세포 주기를 변경하고 염증 유전자 및 단백질 발현 변화를 유발한다. 따라서 플라스틱 섬유가 인체 내에 지속적으로 존재하게 되면 폐암을 일으킬 수 있다. 또한 미세 플라스틱 표면에 서식하는 미생물은 폐렴 및 기타 감염성 질환의 잠재적 원인이 된다.

참고적으로 미세 플라스틱은 세수, 목욕 등 피부 접촉을 통해도 인체 내로 들어온다. 100nm 이하의 입자는 피부 각질층도 침투할 수 있으며 세포 독성, 용혈, 활성 산소 생성에 영향을 준다.[111]

미세 플라스틱은 생체 내 pH, 온도, 혈류역학적인 환경 변화를 통

---

111) Micro(nano)plastics: A threat to human health?, Revel M., Curr. Opin. Environ, Sci. Health., 2018

해 다양한 생체 물질과 결합할 수도 있고 독성 화학 물질을 방출시킬 수도 있다.[112] 크기가 25μm보다 작은 미세 플라스틱은 장(intestine)의 경계를 통과해 피를 통해 전신으로 퍼진다.[113] 미세 플라스틱은 자연 환경에서뿐만 아니라 인체 내에서도 '독이 든 칵테일'을 인체 구석구석까지 전달하는 역할을 하는 셈이다. 더 놀라운 사실은 크기가 매우 작은 나노 플라스틱은 혈액 뇌 장벽(blood-brain barrier, BBB)의 침투성도 증가시키는 것으로 보고되었다.[114] 인체에서 가장 중요한 장기라고 할 수 있는 뇌로 미세 플라스틱이 들락날락하는 것이다.

미세 플라스틱의 크기에 따른 인체 내 운명(fate)을 정리한 연구 결과에 의하면 150μm보다 큰 미세 플라스틱은 흡수되지 않는다. 150μm보다 작은 입자는 우리 몸의 면역과 관련한 림프계로 흡수될 수 있고 100μm보다 작은 입자는 혈액 유통의 중심이라고 할 수 있는 간문맥(portal vein)으로 흡수된다. 20μm보다 작은 입자는 장기로 접근할 수 있으며 0.1μm(=100nm)보다 작은 입자는 혈액 뇌 장벽과 태반을 통과할 수 있어 모든 장기로 접근 가능하다.[115]

---

112) 미세 플라스틱 현황과 인체에 미치는 영향, 류지현, 공업화학 전망, 2019
113) Current insights into monitoring, bioaccumulation, and potential health effects of microplastics present in the food chain, Leonard W.D. van Raamsdonk, Foods, 2019
114) Nanoparticle-based in vivo ivestigation on bood-brain barrier permeability following ischemia and reperfusion, Chung-Shi Yang, Anal. Chem., 2004
115) Marine microplastic debris: An emerging issue for food security, food safety and human health, Barboza, L.G.A., Mar. Pollut. Bull., 2018

<미세 플라스틱의 인체 내 운명>

결과적으로 미세 플라스틱은 여러 독성 화학 물질을 포함하고 있어 인체에 염증을 일으키고 독성 손상, 산화 스트레스 손상, 신경계 이상, 면역계 이상, 내분비계 교란 등을 야기한다.[116]

(4) 미세 플라스틱의 장기별 건강 장해

앞에서 살펴본 것과 같이 미세 플라스틱은 입과 코를 통해 인체로 들어와 혈액을 통해 전신으로 이동한다. 따라서 미세 플라스틱은 인체의 모든 장기에 영향을 준다. 참고적으로 5mm 미만의 작은 플라스틱을 미세 플라스틱으로 $1\mu m$ 미만의 매우 작은 플라스틱을 나노 플라스틱이라고 하는데(1부 4.(1) 참고) 여기서는 미세 플라스틱으로 통용해 서술하였다.

---

[116] Emergence of nanoplastic in the environment and possible impact on human health, Roman Lehner, Environ. Sci. Techno., 2019

* 호흡기계 건강 장해

  호흡기로 들어온 미세플라스틱은 대부분 점액섬모에 의해 기침과 가래를 통해 배출된다. 하지만 지속적인 미세플라스틱 흡입은 염증을 유발한다. 특히 미세플라스틱 섬유는 잘 제거되지 않고 생체 내에 지속해서 존재하는 경향이 있다.[117] 미세플라스틱의 표면은 세포와 상호작용을 하고 세포독성 효과에 중요한 역할을 하는데 미세플라스틱은 주로 호흡기를 통해 인체로 들어와 폐 상피세포와 대식세포의 DNA에 손상을 주는 것이 확인된다. 이는 미세플라스틱의 세포독성과 유전독성을 보여 주는 결과이다.[118] 또 다른 연구에서도 미세플라스틱은 인간의 폐 상피세포 내부로 빠르게 유입해 세포의 생존력, 세포자멸사(apoptosis),[119] 세포 주기에 영향을 미치며 유전자 전사 및 단백질 발현을 방해하는 것으로 보고되었다. 그 영향은 미세플라스틱의 크기, 노출 시간, 농도에 따라 다르나 25~70nm의 PS 미세플라스틱이 더 빠르게 세포질로 유입되어 염증성 유전자 전사를 활성하고 세포자멸사와 관련된 단백질 발현에 변화를 일으켰다.[120] 폐 생체조직 검사(biopsy)에서도 미세플라스틱이 발견되었으며 미세플라스틱

---

117) Microplastics in air: Are we breathing it in?, Gasperi, J., Curr. Opin. Environ. Sci. Health., 2018
118) Specific uptake and genotoxicity induced by polystyrene nanobeads with distinct surface chemistry on human lung epithelial cells and macrophages, Paget, V., PLOS ONE., 2015
119) 비정상적인 세포가 서서히 죽는 현상인데 암세포에서는 이 기능이 차단된 경우가 많다.
120) Emergence of nanoplastic in the environment and possible impact on human health, Lehner, R., Environ. Sci. Technol., 2019

에 많이 노출되면 호흡곤란, 기도 반응, 폐 간질의 염증 등 호흡기 질환이 발생할 수 있는 것으로 보고되었다.[121]

* 소화기계 건강 장해

인간은 음식을 통해 보이지 않는 많은 미세 플라스틱을 섭취한다. 소화기계에서 미세 플라스틱이 얼마나 흡수되는지 알아보기 위한 실험 연구에서 소량만이 흡수되었으며 조직학적 현미경 검사에서도 병변과 염증반응이 관찰되지 않았다. 이것은 미세 플라스틱이 소화기계에 급성반응을 일으킬 가능성은 낮은 것을 의미한다.[122]

소화기의 점막에서는 뮤신(mucin)이라고 하는 끈적끈적한 액체가 분비되는데 이것은 장을 보호하는 물리적인 벽의 역할을 한다. 벽에 페인트를 주기적으로 발라 손상을 예방하는 것과 같다. 그런데 미세 플라스틱은 뮤신과 상호 작용하며 응집해 세포의 생존에 영향을 미치고 세포 자멸사를 유도한다.[123] 미세 플라스틱은 에너지를 이용해 인간의 선암 세포(gastric adenocarcinoma) 안으로 들어가 세포의 형태와 생존력을 변경하고 염증성 유전자 발현에 영향을 주는 것으

---

121) Airborne microplastics: Consequences to human health?, Prata, J.C. Environ. Pollut., 2018
122) Uptake and effects of orally ingested polystyrene microplastic particles in vitro and in vivo, Stock, V., Arch. Toxicol., 2019
123) The role of mucin in the toxicological impact of polystyrene nanoparticles, Inkielewicz, S.I., Materials, 2018

로 보고되었다.[124] 또 다른 연구에서도 미세 플라스틱에 노출될수록 장벽 보호 기능이 파괴되어 세포가 사멸했다.[125] 이와 같은 결과들은 미세 플라스틱이 만성적으로 노출되면 소화기 장벽이 조금씩 무너지고 소화기 세포가 죽는 것을 보여 주며 이것은 미세 플라스틱이 만성적으로 노출되면 소화기계 질환이 발생할 가능성이 높음을 의미한다.

* 신경계 건강 장해

미세 플라스틱은 인간의 대뇌 세포와 상피 세포에 집중적으로 산화 스트레스를 유발해 신경 세포에 손상을 준다.[126] 신경 세포의 끝은 시냅스(synapse)라고 불리는 연결 부위로 되어 있는데 이곳에서 분비되는 여러 신경전달물질을 통해서 서로 신호를 주고받는다. 아세틸콜린(acetylcholine)은 대표적인 신경전달물질이며 아세틸콜린에스터레이스(acetylcholinesterase, AchE)는 이 물질을 분해하고 신경 흥분 효과를 멈추는 중요한 역할을 한다. 미세 플라스틱은 신경계에서 아세틸콜린에스터레이스의 활성을 억제한다. 이것은 아세틸콜린이 과도하게 축적되어 신경이 지나치게 흥분되는 신경계 장애를 유발한다. 뇌의 조직학적 현미경 검사에서도 염증성 세포 침윤, 신경 변성 및 괴사

---

124) Polystyrene nanoparticles internalization in human gastric adenocarcinoma cells, Forte, M., Toxicol. Vitro., 2016
125) Nanoparticle-induced apoptosis propagates through hydrogen-peroxide-mediated bystander killing: Insights from a human intestinal epithelium In Vitro model, Thubagere, A., ACS Nano., 2010
126) Cytotoxic effects of commonly used nanomaterials and microplastics on cerebral and epithelial human cells, Schirinzi, Environ. Res., 2017

등이 확인되었다.[127] 미세 플라스틱은 신경 발달 장애, 우울증과 비정상정 행동 그리고 뇌전증(간질, epilepsy)이 발생할 수 있는 것이 동물 실험을 통해 확인되었다. 그리고 미세 플라스틱의 크기가 작을수록 신경 독성이 더 강하다.

* 비뇨기계 건강 장해

세포가 모여 조직이 되고 조직이 모여 장기가 되고 장기가 모여 기관계가 되고 결국 우리 몸을 이룬다. 한 사람이 죽는다고 도시가 사라지지는 않는다. 그런데 지속적으로 많은 사람이 죽으면 도시도 망할 수 있다. 신장(콩팥)은 인체의 피를 여과하고 노폐물을 소변으로 배출하는 역할을 하는 장기이다. 미세 플라스틱은 인간의 신장 피질 상피세포 안으로 들어가며 신장에 산화 스트레스를 유발해 염증과 독성을 야기하고 세뇨관 손상을 발생시키는 것으로 보고되었다.[128][129] 이 결과는 미세 플라스틱에 의해 신장이 망가져 단백뇨, 혈뇨, 전해질 이상, 부종, 신부전 등이 발생할 수 있음을 의미한다.

---

127) A comparative review of microplastics and nanoplastics: Toxicity hazards on digestive, reproductive and nervous system, Kai Yin, Science of the Total Environment, 2021

128) Biocompatibility, uptake and endocytosis pathways of polystyrenenanoparticles in primary human renal epithelial cells, Monti, D.M., J. Biotechnol., 2015

129) Effects of nano- and microplastics on kidney: Physicochemical properties, bioaccumulation, oxidative stress and immunoreaction, Xuemei Meng, Chemosphere, 2022

* 기타 건강 장해

인간 태반 관류 모델을 이용한 연구에서 50~300nm 크기의 PS 미세 플라스틱은 태반 장벽을 넘어 태아와 모체 양방향으로 모두 이동 가능한 것으로 확인되며 태반 조직인 합포체 영양막(syncytiotrophoblast)에 축적되는 것으로 보고되었다.[130] 우리는 엄마 배 속에서부터 미세 플라스틱에 만성적으로 노출되고 있다. 기존의 많은 연구들에서 미세 플라스틱은 인체 내에서 면역 반응을 유도하거나 국소적으로 염증 및 독성을 일으키는 것을 알 수 있다.[131] 아직 밝혀지지 않은 다양한 미세 플라스틱의 건강 장해가 우려되는 상황이다.

(5) 미세 플라스틱의 발암성

국제암연구소(International Agency for Research on Cancer. IARC)는 세계보건기구(World Health Organization, WHO) 산하 기관으로 암에 대해 연구하고 발암물질의 등급을 분류하는 곳이다. 국제 암 연구소는 발암물질을 아래와 같이 구분한다.

---

130) Bidirectional transfer study of polystyrene nanoparticles across the placental barrier in an ex vivo human placental perfusion model, Grafmueller, S., Environ. Health Perspect., 2015
131) Plastic and human health: A micro issue?, Wright, S.L., Environ. Sci. Technol., 2017

분류	의미
Group 1	인체에 발암 확정(definite) 물질
Group 2A	인체에 발암 우려(probable) 물질
Group 2B	인체에 발암 가능(possible) 물질
Group 3	인체에 발암 물질로 구분할 수 없는 물질
Group 4	인체에 발암 물질로 의심되지 않는(probable not) 물질

표 4 국제암연구소(IARC)의 발암 물질 분류 기준

 국제암연구소에서 분류한 1급 발암물질(IARC group 1)에는 석면, 벤젠, 엑스선, 카드뮴, 비소, 담배 등이 있으며 구체적으로 산화에틸렌은 혈액암, 니켈 화합물은 비강암과 폐암, 염화비닐은 간암과 폐암, 포름알데히드는 폐암과 혈액암, 비소는 피부암과 폐암, 벤젠은 혈액암, 카드뮴은 폐암을 일으킨다.

 국제암연구소의 발암성 물질 분류 자료에서 플라스틱 자체의 발암성은 확인되지 않는다.[132] 그렇다고 해서 이것이 미세플라스틱이 암을 유발하지 않는다고 단정할 수 있는 것은 아니다. 어떤 물질이 암을 유발하는지 사람을 대상으로 직접 실험할 수는 없다. 비윤리적이기 때문이다. 따라서 국제암연구소의 발암 물질 분류는 동물 실험과 사람에 대한 간접적 조사 결과를 전문가들이 종합적으로 판단해 결정한다. 그리고 연구 결과가 축적되면서 발암성 분류 등급이 높아지는 경우가 있다. 예를 들어 산업 현장에서 자주 사용하는 화학물질인 삼염화에틸렌(tricholoroethylene, TCE)은 암 발생 의심 물질로만 분

---

132) Agents Classified by the IARC Monographs, Volumes 1-129

류되어 있다가 신장암 발생에 대한 연구 결과가 축적되면서 1급 발암물질(IARC group 1)로 변경되었다. 20~40nm 크기의 PS 입자는 세포 독성으로 대장과 직장의 선암(adenocarcinoma)이 발생할 수 있는 연구 결과가 있다. 이와 같은 연구 결과가 축적되면 향후 미세 플라스틱의 발암성도 변경될 수 있다.

(6) 플라스틱 제조 시 노출되는 물질에 의한 건강 장해

1부 3.에서 플라스틱의 제조 과정과 종류에 대해 알아봤다. 플라스틱은 보통 200~300℃의 고열 환경에서 성형되며 이 과정에서 다양한 유해 물질이 배출된다. 플라스틱 생산 과정에서 노출되는 다양한 화학 물질에 의한 건장 장해를 살펴보자.[133)134)]

* 폴리에틸렌(PE)

폴리에틸렌의 원료인 에틸렌(ethylene)은 질식제이며 노출 시 마취 효과가 있다. 폴리에틸렌이 연소되면 일산화탄소, 포름알데히드 등이 발생한다. 일산화탄소는 급성으로 노출되는 경우 두통, 호흡 곤란, 어지럼증뿐만 아니라 심장 기능 장애, 실신, 정신 착란, 뇌부종이 발생해 사망할 수 있다. 만성적으로는 심혈관계, 신경계 질환이 발생

---

133) 직업환경의학 제11장 플라스틱제조(성형), 대한직업환경의학회, 계축문학사, 2014
134) 근로자건강진단 실무지침 제3권 유해인자별 건강장해, 산업안전보건연구원, 2021

가능하다. 포름알데히드는 급성 혹은 만성으로 눈, 피부, 비강, 인두 자극, 호흡기 자극 및 흉부 압박감, 두통, 어지럼증, 설사, 복통, 황달, 단백뇨, 저혈압이 발생할 수 있으며 비인두암과 백혈병을 일으키는 발암 물질(IARC group 1)이다. 또한 폴리에틸렌 필름을 이용한 식품 포장 업무를 하는 근로자에게 천식이 유발된 보고가 있다.

* 폴리프로필렌(PP)

폴리프로필렌의 원료인 프로필렌(propylene)은 질식제이며 노출될 경우 대장암이 발생할 수 있다는 보고가 있다.

* 폴리염화비닐(PVC)

폴리염화비닐의 원료인 염화비닐(vinyl chloride)은 두통, 어지러움 같은 중추 신경계 증상을 유발하며 마취 효과가 있다. 흡입하는 경우 급성으로 호흡기 염증 반응이 생겨 폐부종, 출혈이 발생하거나 손가락, 발가락 말단의 뼈가 용해될 수 있다. 만성적으로 노출된 경우 간 비대, 폐 섬유화, 신경계, 생식기계, 근골격계 이상을 유발한다. 염화비닐은 간 혈관육종과 간세포암을 유발할 수 있는 발암 물질(IARC group 1)이다.

* 테프론(teflon, polytetrafluoethylene, PTPE)

테프론은 고온에서 중합체 흄(polymer fume)을 생성하며 인체에 노출되면 열, 오한, 권태감, 기침, 흉통, 관절통, 오심, 구토 등을 일으키는 폴리머퓸 열(polymer fume fever)을 유발한다.

* 에폭시 수지(epoxy resin)

에폭시 수지에 노출되면 혈액 내 림프구가 감소하거나 피부, 점막, 호흡기계 증상이 발생할 수 있다. 에피클로로하이드린(epichlorohydrin)은 에폭시 수지를 생산할 때 쓰이는 물질로 강력한 자극성 물질이며 폐암의 위험성과 생식 독성에 대한 보고가 있다. 글리시딜에테르(glycidyl ethers)는 에폭시 수지 생산에 희석제로 쓰이는 물질로 노출 시 과민 증상과 알레르기성 접촉성 피부염이 발생할 수 있다. 산무수물(acid anhydrides)은 에폭시 수지 경화제로 피부의 화상, 각막 궤양, 코피, 객혈을 일으킬 수 있는 강력한 자극제이며 직업성 천식과 알레르기성 비염, 결막염, 두드러기를 일으킨다.

* 아미노 수지(amino resins)

아미노 수지는 포름알데히드와 멜라민 혹은 요소를 섞어 만든다. 멜라민은 연소 시 시안화수소를 발생시킨다. 시안화수소는 급성으로 노출된 경우 어지럼증, 호흡 곤란, 두통, 의식소실, 경련을 일으킬 수 있고 만성으로 노출된 경우 신경계, 호흡기계, 눈, 피부, 비강, 인두, 조혈기계, 심혈관계 증상을 일으킬 수 있다. 동물에서 시안화수소가 요로 결석과 방광암을 유발하는 것으로 보고되었다.

* 아크릴(acrylics)

아크릴 단량체는 점막과 피부, 폐를 자극하며 접촉성 피부염과 천식을 유발한다. 아크릴산 메틸은 신경 독성에 의한 감각 이상을 초래할 수 있다. 아크릴 단량체의 중합 억제제로 사용되는 하이드로퀴논(hydroquinone)은 피부와 점막, 폐를 자극하고 각막 궤양, 폐 기능 저하를 유발하며 동물 실험에서 신장암을 유발하며 벤젠의 대사 산물로 백혈병 발생에 관여할 것으로 추정되는 물질이다. 아크릴아마이드(acrylamide)는 말초 신경 장애, 운동 실조, 현훈, 감정 변화, 지각과 기억 장애 같은 중추 신경계 증상을 야기할 수 있으며 갑상선, 폐, 췌장암과 관련된 발암 물질(IARC group 2A)이다.

* 폴리우레탄(PU)

폴리우레탄은 이소시아네이트(isocyanate)와 다기능 알코올과 반응해 만든다. 이소시아네이트는 호흡기를 직접 자극하거나 천식, 만성 폐쇄성 폐질환, 과민성 폐렴 등을 초래한다.

* 합성섬유(synthetic textiles)

대표적인 합성 섬유로 나일론, 폴리에스터, 레이온이 있다. 합성 섬유 제조 시 사용되는 이황화탄소(carbon disulfide)는 중추 신경계에 영향을 미쳐 두통, 어지러움, 조병, 환각, 혼수를 초래하며 말초 신경 장애, 관상동맥 질환의 위험을 증가시킨다.

2019년 세계보건기구는 식수를 통해 마신 미세 플라스틱은 인체로 들어가 화학적으로 반응하지 않고 장기와 조직에 해를 끼칠 가능성도 낮으며 대부분 무해하게 인체를 통과할 것이라고 예측했다. 과학자들은 150µm 미만의 합성 입자는 소화기 상피를 통과하여 전신으로 노출되지만 이 중 0.3%만 흡수될 것으로 예상했다. 하지만 미세 플라스틱이 인체에 무해하다는 것은 아니며 이에 대한 지속적인 조사와 연구가 필요하다고 하였다.[135)136)]

미세 플라스틱의 건강 장해에 대해 연구들이 지속되고 있으나 아직까지 미세 플라스틱에 의한 구체적인 건강 장해에 관한 결과는 부족한 실정이다. 즉 플라스틱 자체의 건강 장해는 현재까지 정확히 밝혀진 것은 없으나 잠재적인 위험성이 높은 것으로 보인다. 그런데 더 중요한 문제는 플라스틱을 만들 때 사용하는 다양한 첨가제에 의한 건강 장해이다.

---

135) WHO study finds no evidence of health concerns from microplastics in drinking water / https://www.npr.org/2019/08/22/753324757/who-study-finds-no-evidence-of-health-concerns-from-microplastics-in-drinking-wa
136) 미세 플라스틱 등 환경 문제 대응, 한독 연구기관 협력, 환경부, 2020

3
플라스틱 첨가제의 건강 장해

플라스틱 제조에는 정말 다양한 첨가제가 사용되며(1부 3. 참고) 버려진 플라스틱이 미세 플라스틱이 되면서 독이 든 화학 칵테일이 되어버린다.(1부 4. 참고) 플라스틱 첨가제인 비스페놀 A와 프탈레이트는 서서히 외부로 유출되면서 우리 몸의 호르몬 작용을 교란한다. 미세 플라스틱에 붙어 있는 다양한 중금속은 유전 독성, 생식 독성, 돌연변이 유발성, 발암성의 가능성이 높은 물질이다.[137][138]

(1) 내분비 교란 물질에 의한 건강 장해

우리 몸은 서로 다양한 생체 신호를 주고받으며 몸의 균형인 항상성(homeostasis)을 유지한다. 우리 몸의 연락 수단은 크게 신경 신호(신경계)와 호르몬 신호(내분비계)로 나눌 수 있고 이것은 각각 전화와 편지로 비유된다. 날카로운 칼에 손가락을 베이면 신경 신호를 통해 빠르게 통증이 전달되고 더 큰 손상을 막기 위해 반사적으로 피하

---

137) Microplastics in air: Are we breathing it in?, Gasperi, J., Curr. Opin. Environ. Sci. Health., 2018
138) A detailed review study on potential effects of microplastics and additives of concern on human health, Claudia Campanale, International Journal of Environmental research and public health, 2019

게 된다. 이것은 불이 났을 때 119에 전화해 신속하게 신고하는 것과 같다. 반면 호르몬은 세포에서 분비되어 혈액을 타고 비교적 천천히 이동해 표적 장기에서 효과를 발휘한다. 호르몬은 양이 적더라도 농축된 정보를 전달하는데 이것은 마치 좋아하는 사람에게 작은 편지를 지속적으로 전달해 조금 느리더라도 관심을 전달하는 것과 같다. 이와 같은 우편 시스템은 발신자의 편지(호르몬)를 우편 배달부가 수신자(수용체)에 정확히 전달해야 정상적으로 운영된다.

1998년 미국 환경보건청(Environmental Protection Agency, EPA)은 체내 항상성 유지와 발달 과정을 조절하는 생체 내 호르몬의 생산, 방출, 이동, 대사, 결합, 작용 혹은 배설을 간섭하는 외인성 물질을 내분비 교란 물질(endocrine-disrupting chemicals, EDCs)로 정의했다. 이것은 마치 발신자가 보낸 편지를 우편 배달부가 가로채 버리거나 가짜 편지로 바꿔 잘못된 정보를 전달하는 것과 같다. 플라스틱의 첨가제인 비스페놀 A, 프탈레이트, 중금속(납, 수은, 카드뮴) 등이 대표적인 내분비 교란 물질이다.[139]

내분비 교란 물질의 작용기전은 크게 3가지 유형으로 나눌 수 있다. 첫 번째로 모방(mimics)작용은 정상 호르몬과 유사하게 수용체와 결합해 비정상적인 호르몬 작용을 일으키는 것이다. 두 번째 봉쇄(blocking) 작용은 정상 호르몬이 수용체와 결합하지 못하게 막는 것으로 남성 호르몬인 테스토스테론(testosterone)이 수용체에 붙지 못

---

[139] 직업환경의학 제3장 2절 내분비교란물질, 대한직업환경의학회, 계축문학사, 2014

하게 방해해 남성의 음경이 위축되는 것이 한 예이다. 세 번째 방아쇠(trigger) 작용은 내분비 교란물질이 수용체와 반응해 해로운 물질을 새로 합성하거나 암과 같은 비정상적인 세포 분열을 일으키는 것이다.[140]

내분비 교란 물질이 태아기에 노출되면 성호르몬 작용을 교란해 요도 하열(hypospadia)[141]과 같은 비정상적인 생식기 기형이 발생할 수 있다. 임산부 소변에서 프탈레이트가 관찰된 경우 남아의 생식기와 항문간이 거리가 짧아지거나 잠복고환, 음경의 구조적 이상이 발생하는 것으로 보고되었다. 또한 임신 초기 내분비 교란 물질에 노출되면 뇌신경 발달에 필요한 갑상선 호르몬 작용을 교란해 지능 감소, 주의력 결핍 과잉 행동 장애(Attention Deficit Hyperactivity Disorder, ADHD), 자폐증 등의 신경 발달 장애와 운동 발달 장애, 학습 장애 등이 생길 수 있다. 내분비 교란 물질이 소아에게 노출되면 남아의 경우 정자 수 감소, 정자 운동성 감소, 기형 정자 발생 증가, 정소암이 생길 수 있고, 여아의 경우 성조숙증, 유방과 생식 기관 암, 자궁 내막증, 자궁 섬유종, 유방의 섬유 세포 질환이 발생할 수 있다.[142] 내분비 교란과 같은 건강 장해를 일으키는 다양한 플라스틱 첨가제의 물질별 건강 장해에 대해 조금 더 자세히 알아보자.

---

140) 내분비계 장애 물질, 강찬근, 대한이사협회지, 2007
141) 소변이 나오는 요도 구멍이 귀두 끝이 아니라 아래쪽에 위치하는 선천성 기형이며 발생 과정에서 남성 호르몬이 결핍되거나 유전적인 원인에 의해 발생하는 것으로 추정된다.
142) 내분비교란물질과 환경성 질환, 이덕희, 대한의사협회지, 2012

(2) 플라스틱 첨가제의 물질별 건강 장해

* 비스페놀 A

비스페놀 A(bisphenol A, BPA)는 우리 몸의 중요한 여성호르몬인 에스트로겐(estrogen)과 유사한 작용을 한다. 여러 연구에서 낮은 농도의 비스페놀 A에 노출된 경우에도 당뇨, 유방암, 전립선 암, 정자 수 감소, 생식 문제, 성조숙증, 비만, 신경계 이상이 발생하는 것으로 보고되었다. 유럽화학물질청(European Chemicals Agency, ECHA)은 비스페놀 A에 의해 심혈관 질환, 생식 장애, 비만, 유방암이 발생할 수 있다고 발표하였다. 2010년 미국식품의약국(Food and Drug Administration, FDA)과 국립위생연구소(National Institutes of Health, NIH)는 비스페놀 A가 태아, 유아, 소아의 뇌와 행동에 영향 준다고 발표하였고 2012년 젖병 제조 시 비스페놀 A의 사용을 금지했다.[143]

* 프탈레이트

프탈레이트(phthalate)는 대표적인 내분비 교란 물질로 정자 생산과 출산 그리고 성 발달에 나쁜 영향을 준다. 제브라피시에 프탈레이트의 일종인 DEHP의 대사 산물인 MEHP(mono-(2-ethylhexyl)

---

143) 직업환경의학 제3장 2절 내분비교란물질, 대한직업환경의학회, 계축문학사, 2014

phthalate)를 21일 동안 노출시켰더니 암컷의 산란 감소, 배란 지연, 생식 기능 장애가 발생하였고 스트레스 호르몬(cortisol)이 증가하는 것이 확인된다.[144] 또 다른 실험에서 태아 수컷 쥐에 DEHP를 노출시키면 남성 생식기 및 정자 생성 이상이 발생하며 신경 발달 장애가 발생한다고 보고되었다.[145] 프탈레이트는 남성에서 정자 수 감소, 발기 부전, 여성에서 자궁 내막증, 다낭성 난소 증후군을 유발하고 당뇨, 수면 장애의 원인이 되기도 하며 아이들에게는 주의력 결핍 과잉 행동 장애, 성조숙증을 유발한다. 따라서 현재 우리나라는 프탈레이트 6종(DEHP, DBP, BBP, DnOP, DINP, DIDP)을 유해 화학 물질로 지정해 플라스틱 제품 함유 총합 0.1% 이하로 관리하고 있다.[146][147]

* 중금속

중금속은 원자 질량(atomic mass)이 비교적 크고 물에 비해 밀도가 높은 물질을 말하는데 플라스틱 제품의 특성 향상을 위해 다양한 중금속이 첨가제로 사용된다. 또한 버려진 미세 플라스틱 표면에 다양한 환경에 존재하는 중금속이 축적된다. 고농도의 중금

---

144) Reproductive dysfunction linked to alteration of endocrine activities in zebrafish exposed to mono-(2-ethylhexyl) phthalate (MEHP), Chang-Beom Park, Environmental Pollution, 2020
145) Components of plastic: experimental studies in animals and relevance for human health, Chris E. Talsness, Phil. Trans R. Soc. B., 2009
146) 유해 물질 간편 정보지 10: 프탈레이트, 식품의약품안전처
147) Components of plastic: experimental studies in animals and relevance for human health, Talsness, C.E. Philos Trans R Soc Lond B Biol Sci., 2009

속은 세포 및 조직 손상을 포함해 다양한 질병을 야기한다.[148)149)150)] 안티몬(Antimony, Sb), 알루미늄(Aluminum, Al), 비소(Arsenic, As), 바륨(Barium, Ba), 카드뮴(Cadmium, Cd)은 금속 에스트로겐(metal-estrogens)으로 불리는데 에스트로겐 활성화를 야기해 잠재적으로 유방암을 일으킬 수 있기 때문이다.

브롬(Bromine, Br)은 플라스틱 난연제로 사용되며 세포 자멸사를 유발하고 유전 독성을 유발한다. 카드뮴(Cadmium, Cd)은 열안정제, UV 안정제로 사용되며 세포 자멸사 및 DNA 메틸화 촉진, 산화 스트레스 생성, 폐경기 여성의 골절 증가, 대사 장애를 유발한다. 구리(Copper, Cu)는 활성 산소를 생성하고 DNA 손상을 유도하며, 수은(Mercury, Hg)은 중추 신경계와 신장에 영향을 주는 돌연변이성 또는 발암성이 있다. 비소는 선천적 장애와 폐, 피부, 간, 방광, 신장의 질환을 일으키는 발암 물질이다. 주석(Tin, Sn)은 피부 발진, 위장 장애, 구역, 구토, 복통, 설사, 두통, 심계 항진 등을 일으킨다. 납(lead, Pb)은 DNA 복구 시스템을 방해하고 활성 산소를 생성하고 세포 종양 조절을 담당하는 유전자를 변경시키고 중추 신경계에 영향

---

148) A detailed review study on potential effects of microplastics and additives of concern on human health, Claudia Campanale, International Journal of Environmental research and public health, 2019

149) An overview of chemical additives present in plastics: Migration, release, fate and environmental impact during their use, Hahladakis, N.J., disposal and recycling. J. Hazard. Mater., 2018

150) Threat of plastic ageing in marine environment. Adsorption/desorption of micropollutants., Kedzierski, M., Mar. Pollut. Bull., 2018

을 미쳐 운동, 인지 기능 장애, 경련, 혼수를 일으킬 수 있다. 티타늄 (Titanium, Ti)은 인간의 폐와 대장 상피 세포에 세포 독성을 일으키는 것으로 보고되었다. 코발트(Cobalt, Co)는 활성 산소를 생성하고 청각, 시각 장애와 같은 신경학적 증상과 심혈관 및 내분비 질환을 유발한다. 크롬(Chrome, Cr)은 알레르기 반응, 비강 중격 궤양, 심혈관, 호흡기, 조혈기, 신경계 증상을 유발한다. 바륨(Barium, Ba)은 유방암, 심혈관, 신장, 신경, 정신 질환 및 대사 장애를 유발하며, 망간(Maganese, Mn)은 파킨슨병과 같은 신경 퇴행성 장애를 유발할 수 있다.[151][152][153]

* 기타 첨가제

아조디카본아마이드(azodicarbonamide, ADA)는 발포제로 사용되는데 지연된 기관지 연축 반응, 천식, 알레르기성 접촉성 피부염을 유발한다. 헥사민(hexamine)은 경화제로 사용되는데 연소되면 질소 산화물, 일산화탄소, 이산화탄소, 포름알데히드를 생성한다.

---

151) Environmental exposure of humans to bromide in the Dead Sea area: Measurement of genotoxicy and apoptosis biomarkers, Nusair, S.D., Mutat. Res. Genet.Toxicol. Environ. Mutagen., 2019

152) Turner, A. Cadmium, lead and bromine in beached microplastics, Massos, A. Environ. Pollut., 2017

153) Biological effects of heavy metals: An overview, Sharma, R.K., J. Environ. Biol., 2005

(3) 잔류성 유기 오염 물질의 건강 장해

잔류성 유기 오염 물질(Persistent Organic Pollutants, POPs)은 자연에서 잘 분해되지 않고 먹이 사슬을 통해 생물체 내에 축적되는 유기 화합 물질을 말한다.[154] 미세 플라스틱은 유기염소계 농약(Organochlorine Pesticides, OPs), 폴리염화비페닐(PolyChlorinated Biphenyl, PCBs), 다환방향족탄화수소(Polycyclic Aromatic Hydrocarbons, PAHs) 등의 잔류성 유기 오염 물질을 주위 환경으로부터 복합적으로 축적한다.[155]

유기염소계 농약에는 대표적으로 다이옥신이 있는데 이것은 생식 독성, 신경 독성, 면역 독성, 발암 작용 등이 있어 인체에서 피부 질환, 면역 이상, 대사 이상, 생식 이상, 기형아 발생, 암 등을 야기하는 것으로 보고되었다. 폴리염화비페닐은 다이옥신과 유사한 독성을 가지고 있으며 고농도로 노출될 경우 면역, 신경, 내분비계 이상, 생식 능력 저하가 유발된다. 다환방향족탄화수소 다양한 물질의 복합체인데 독성이 있고 돌연변이와 암을 유발할 수 있다.

---

154) 직업환경의학, 제5편 환경의학, 대한직업환경의학회, 계축문학사, 2014
155) 미세 플라스틱 현황과 인체에 미치는 영향, 류지현, 공업화학 전망, 2019

(4) 플라스틱 첨가제 및 관련 물질의 발암성

프탈레이트의 일종인 DEHP는 동물에서 고환, 신장, 성장, 호흡기 독성, 간종양이 발생시키는 것으로 보고되었고 인체에 발암 가능성이 있는 물질(IARC group 2B)이다. 다이옥신의 일종인 TCDD(2, 3, 7, 8-tetrachlorodibenzo-p-dioxin)는 폐암, 연조직, 백혈병을 포함한 다양한 암을 일으킬 수 있는 인체에 발암성이 있는 물질(IARC group 1)이다. 다환방향족탄화수소는 피부, 폐, 신장, 방광암 발생과 관련이 있으며 특히 이중 벤조피렌은 인체에 발암성이 있는 물질(IARC group 1)이다.

플라스틱 제조나 플라스틱을 연소할 때 나오는 포름알데히드는 백혈병, 비인두암을 일으키는 발암 물질(IARC group 1)이며, 염화 비닐은 간혈관육종(liver angiosarcoma), 간세포암(hepatocellular carcinoma, HCC)을 일으키는 발암물질(IARC group 1)이다.[156] 중금속 중 비소는 폐, 피부, 방광암, 카드뮴은 폐, 신장, 전립선암, 6가 크롬은 폐, 비강암을 일으킨다.

플라스틱 첨가제가 일으키는 건강 장해는 실로 다양하다. 비스페놀 A와 프탈레이트와 같은 내분비 교란 물질은 비만, 당뇨, 성조숙증, 정자 수 감소, 자궁 내막증, 유방암, 전립선 암, 신경계 이상 및 생식 장

---

156) Preventable exposures associated with human cancers, Vincent James Cogliano, J Natl Cancer Inst., 2011

애를 일으킬 수 있다. 다양한 중금속들은 피부 질환, 구역, 구토, 복통, 설사, 기억력 및 인지력 감소, 경련, 혼수, 신경 퇴행성 질환을 일으킬 수 있다. 잔류성 유기 오염 물질 역시 면역, 신경, 내분비계 이상, 생식 능력 저하를 유발한다. 다이옥신, 다환방향족탄화수소 포름알데히드, 염화비닐 등은 폐암, 간암, 백혈병 등을 일으키는 발암 물질이다.

담배를 피운다고 해서 바로 어떤 질병이 생기지는 않으며 담배를 피워도 100살까지 건강에 큰 문제 없이 사는 사람도 있다. 그러나 우리는 예방 가능한 질환 및 조기 사망의 원인 중 흡연이 가장 중요한 원인임을 잘 알고 있다. 실제로 흡연은 폐암뿐 아니라 심장 질환, 뇌 질환, 호흡기 질환 등 각종 질병의 발병 확률을 높인다.[157] 미세 플라스틱에 노출되어도 건강에 큰 문제 없이 사는 사람도 있을 것이다. 그러나 미세 플라스틱과 플라스틱 첨가제는 인체에 세포 독성, 유전 독성, 산화스트레스, 염증, 호르몬 교란을 야기하며 뇌를 포함한 신경계, 호흡기계, 소화기계, 면역계, 내분비계, 비뇨 생식기 등의 각종 질환 및 암의 발병 확률을 높인다.

---

[157] 대학생 흡연 관련 행태 및 흡연에 관한 건강 문제, 박순우, Korean Journal of Health Education and Promotion, 2011

4
원인 파이 모형으로 살펴보는 미세 플라스틱의 건강 장해

전구 스위치를 켜면 불이 켜진다. 그런데 정전이 되거나 전구가 고장 나면 스위치 조작만으로 불이 켜지지 않는 것을 알게 된다. 실제로 전구의 불을 켜려면 전원이 공급되어야 하고 전선 손상이 없어야 하고 전구가 정상이어야 하며 스위치가 잘 작동해야 한다. 스위치를 누르는 것은 전등을 켜는 최종적인 요인일 뿐이며 복잡하고 다양한 인과 관계(causality) 중에서 그저 하나의 원인일 뿐이다.[158]

모든 질병은 복합적인 원인에 의해 발생한다. 미국 하버드 의대 공중보건 대학 교수 로스만(Kenneth J. Rothman)은 질병의 발생과 관련한 인과 관계를 '원인 파이 모형(causal pie model)'으로 개념화하였다.[159]

---

158) Epidemiology: An introduction 2nd edition, Kenneth K. Rothman
159) The causal pie model: an epidemiological method applied to evolutionary biology and ecology, Maarten Wensink, Ecology and evolution, 2014

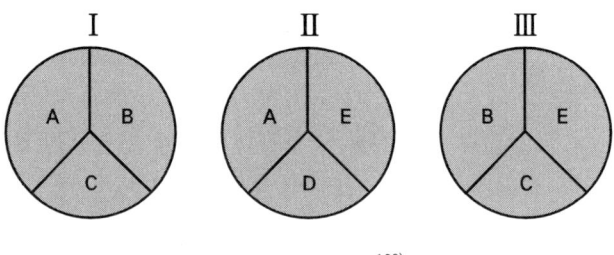

〈원인 파이 모형〉[160]

위 모형에서 A, B, C, D, E는 질병 Ⅰ, 질병 Ⅱ, 질병 Ⅲ을 일으키는 충분 원인(sufficient cause)이다. 원인 파이 모형은 충분 원인 중 하나라도 만족되지 않은 상태라면 그 질병이 발생하지 않는 것으로 가정한다. 왼쪽 모형에서 질병 Ⅰ이 발생하기 위해서는 원인 A, B, C가 모두 존재해야 한다. 원인 A, B가 아무리 많아도 원인 C가 없으면 질병이 발생하지 않는다. 원인 A, B가 먼저 존재하는 경우 원인 C가 질병 Ⅰ을 일으키는 스위치를 켜는 역할을 하는 것이다. 마찬가지로 질병 Ⅱ는 원인 A, E, D가 모두 충족되면 발생하고 질병 Ⅲ은 원인 B, C, E가 모두 충족되면 발생한다.

질병은 복합적인 원인의 조합으로 발생한다. 따라서 같은 질병에서도 서로 다른 충분 원인의 조합인 원인 파이 모형이 무수히 존재할 수 있다. 그리고 각각의 충분 원인인 A, B, C, D, E는 그 질병을 일으키는 기저 원인이 되거나 스위치를 켜는 최종 원인이 된다. 어떤 질병을 일으키는 여러 개의 원인 파이 모형 중 어느 하나의 파이에서 모든 충분 원인이 만족되면 그 질병이 발생한다. 반대로 원인 파이 모형의

---

160) (159)의 연구 표를 인용하였다.

충분 원인 중에 하나라도 채워지지 않았다면 그 질병은 발생하지 않는다. 다시 말해 원인 파이 모형의 모든 충분 원인이 채워지는 순간이 그 질병 발생의 스위치를 켜는 순간이다. 이것은 사회학에서 사용하는 '티핑포인트'(tipping point)와 비슷한 개념이다. 수면 아래 있던 꾸준한 노력의 결과가 어느 순간 폭발적으로 발생한다.

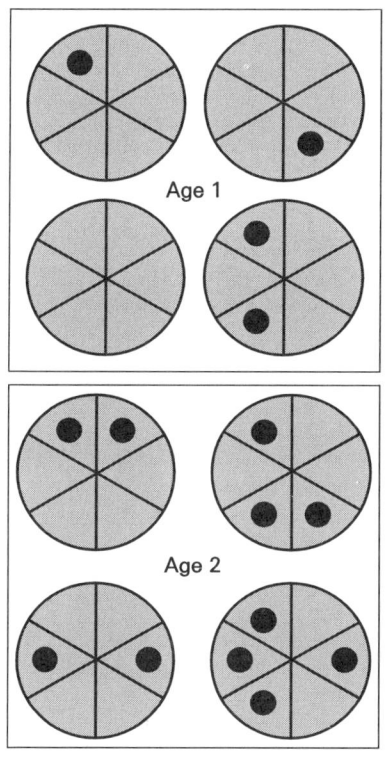

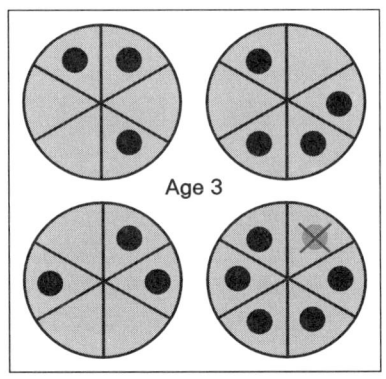

⟨원인 파이 모형으로 살펴보는 노화에 따른 질병의 발생⟩[161]

노화에 따른 어떤 질병의 발생을 위 그림을 통해 살펴보자. 맨 위 그림 Age 1에서는 어떤 한 질병이 발생하는 4가지 원인 파이 모형이 있다. 그리고 검정 점은 해당 질병의 충분 원인으로 작용하는 위험인자가 존재하는 것을 의미한다. 예를 들어 심근경색의 주된 위험 인자는 흡연, 당뇨, 비만, 가족력 등이 있는데 이 위험 인자가 충분 원인으로 작용하는 경우 검정 점으로 채워진다. Age 1에서는 검정 점으로 채워진 충분 원인이 몇 개 존재하지만 각 파이의 나머지 충분 원인이 모두 만족되지 않았으므로 해당 질병은 발생하지 않는다.

가운데 그림 Age 2는 나이가 들면서 더 많은 위험 요인에 노출된 것을 보여 준다. 이 경우도 Age 1과 마찬가지로 각 파이의 충분 원인이 모두 만족되지는 않은 상태여서 질병은 발생하지 않는다.

---

161) (159)의 연구 표를 인용하였다.

마지막 그림 Age 3은 나이가 더 들어 더 많은 위험 요인에 노출되었고 4가지 원인 파이 모형 중 오른쪽 아래에 있는 파이는 모든 충분 원인이 만족된 상태가 되어 마지막 빨간 X로 표시된 충분 원인이 스위치 역할을 하면서 질병이 발생한다.

인간은 노화로 인해 여러 질병의 위험 요인에 더 많이 노출되며 충분 원인이 모두 만족되는 순간 그 질병이 발생한다. 미세 플라스틱에 의해 어떤 구체적인 질병이 발생한다는 연구는 아직 부족하다. 그러나 우리는 나이가 들면서 더 많은 미세 플라스틱에 노출되며 그것이 축적되면서 원인 파이 모형의 모든 충분 원인이 만족되는 순간이 되면 결국 다양한 질병 발생이 발생할 수 있다. 미세 플라스틱은 노화, 흡연, 비만과 마찬가지로 여러 질병을 일으키는 기저 원인인 동시에 어느 순간 질병 발생의 스위치를 켜는 최종 원인이 될 수도 있다.

5
플라스틱이 원인으로 추정되는 질병

(1) 다중 화학 민감증

다중 화학 민감증(Multiple Chemical Sensitivity, MCS)은 저농도의 다양한 화학 물질에 노출되어 여러 장기에 다양한 증상이 나타나는 만성 질환을 말한다. 다중 화학 민감증은 만성 피로 증후군이나 섬유 근육통과 같이 의학적으로 설명이 불가능한 질병군으로 분류된다.[162]

다중 화학 민감증의 발병 원인은 정확히 알 수 없지만 화학물질에 민감한 사람(소아, 여성 등)에게 반복적으로 다양한 화학 물질이 노출되면서 발생하는 것으로 추측된다. 유발 물질은 일상 생활에서 쉽게 노출되는 담배, 세제, 살충제, 향수, 자동차 배기 가스 등이며 새집 증후군 혹은 사업장 유해 물질에 의해 노출되는 낮은 농도의 지속적 노출이 주된 원인으로 보고되었다.

다중 화학 민감증으로 진단되는 대부분의 환자는 30~50세의 여성

---
[162] 다중 화학 민감증, 채홍재, 대한직업환경의학회지, 2012

이다. 주로 호소하는 증상은 집중력, 기억력 감소, 두통, 긴장, 신경질, 불안, 우울, 어지러움, 피로, 안구 통증, 기침, 호흡 곤란, 콧물, 가래, 근육통, 흉부 압박감, 발진, 두드러기, 구역, 복통, 변비, 설사, 빈뇨 등 매우 다양하다. 이 질환을 진단하거나 다른 질환과 감별하기가 매우 어렵다.[163] 따라서 많은 검사를 수행하기보다는 화학 물질의 노출을 줄이고 증상에 맞는 치료를 하는 것이 중요하다.

미세 플라스틱은 다양한 화학 물질이 포함된 '독이 든 화학 칵테일'이다. 우리는 매주 신용 카드 한 장 이상의 미세 플라스틱을 칵테일로 만들어 입과 코를 통해 들이마시고 있다. 인체로 들어온 미세 플라스틱은 혈액을 통해 뇌를 포함한 전신으로 이동해 다양한 장기에 영향을 미친다. 미세플라스틱의 인체 노출이 특정 질환을 일으키는 정도로 높은 수준이 아닐지라도 다중 화학 민감증과 같은 의학적으로 설명할 수 없는 다양한 증상의 원인일 수 있다. 참고적으로 1950년대 처음으로 화학 물질 과민증(chemical intolerance or sensitivity)이 보고되기 시작했는데 이는 플라스틱이 개발되어 본격적으로 사용되기 시작한 시기와 일치한다.

(2) 난임(불임)

난임(불임, infertility)은 일반적으로 부부가 피임을 하지 않고 정상적인 성관계를 하였지만 1년 이상 임신이 되지 않거나 임신을 지속할 수 없는 상태를 말한다. 우리나라 건강보험심사평가원 통계 자료

---

163) Wokers with multiple sensitivities, Cullen MR, Occup Med State Art Rev., 1987

에 의하면 난임 환자 수는 2012년 194,193명, 2013년 192,457명, 2014년 208,005년, 2015년 217,905명, 2016년 219,110명, 2017년 208,704명, 2018년 229,460명, 2019년 230,802명 최근 3년 평균 약 5% 증가했다.[164][165]

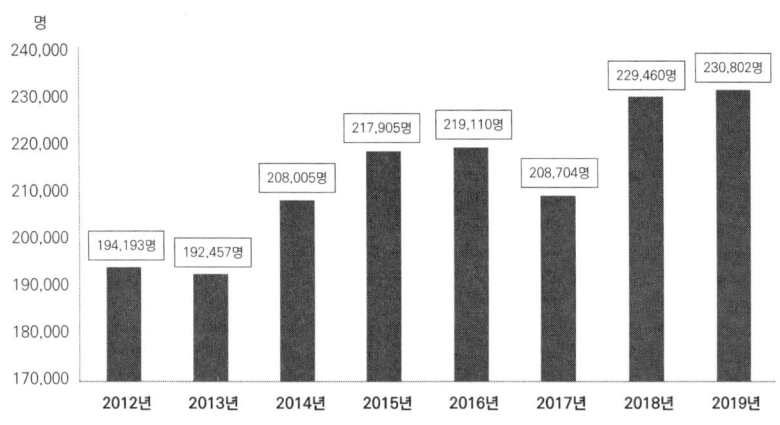

〈연도별 난임 환자 수〉

여성은 연령이 증가할수록 난소 기능이 떨어져 생식 능력이 감소한다. 그리고 남성의 정자 상태가 좋지 않으면 난임이 될 수 있다. 난임의 원인은 남성 요인 30% 여성 요인 30%, 양쪽 요인 20%, 원인 불명 20% 수준으로 보고 있다. 플라스틱에는 비스페놀 A, 프탈레이트, 잔류성 유기 오염 물질, 중금속 등 다양한 내분비 교란 물질이 포함되어 있다. 플라스틱 역시 결혼 연령의 상승, 늦은 출산과 더불어 난임 증가의 보이지 않는 원인으로 추정된다.

---
164) 생활 속 질병 통계 100선, 건강보험심사평가원, 2018
165) 늦은 결혼, 출산, 늘어나는 난임 부부, 뉴스포스트 2021년 4월 16일 기사

(3) 성조숙증

사춘기는 여자는 만 10세, 남자는 만 11세 정도에 시작된다. 사춘기가 되면 뇌하수체-시상하부-생식선으로 이어지는 호르몬 작용이 활성화되어 남자는 고환이 커지고, 음모가 생기고, 키가 크고 여드름도 생기게 되며, 여자는 유방이 커지고 음모가 생기고, 키가 크고 생리를 하게 된다.

성조숙증(precocious puberty)은 이와 같은 2차 성징이 2년 정도 일찍 여자 만 8세 미만, 남자 만 9세 미만에 나타나는 경우를 말한다.[166] 미국에서는 5,000명 중 1명꼴로 성조숙증이 발견되고 계속해서 증가하고 있다. 우리나라 역시 생활습관과 환경이 서구화되고 있어 비슷한 양상을 보이고 있는데, 1980년 14.2세였던 우리나라 여아의 평균 초경 나이는 2001년에는 13.4세, 2011년에는 12.7세로 지속적으로 감소하고 있다.[167] 국민건강보험공단의 성조숙증 관련 보도자료 의하면 2017년 성조숙증으로 진료 받은 환자는 총 9만 5천명으로 2013년에 비해 5년간 42.3% 증가했다. 이를 연평균으로 계산하면 5년 동안 9.2% 증가한 것이다. 참고로 성조숙증으로 진료를 받은 환자는 여아가 남아보다 8.9배 많았으나 남아의 증가율이 더 높았다.

---

166) 성조숙증 진료지침 2011, 대한소아내분비학회
167) Association of phthalates and early menarche in Korean adolescent girls from Korean National Environmental Health Survey(KoNEHS) 2015-2017, One Park, Ann Occup Environ Med., 2021

유전, 서구식 식습관, 비만, 스트레스, TV 인터넷 등을 통한 성적 자극이 성조숙증의 원인으로 추정되고 있는데 미세 플라스틱에 함유되어 있는 프탈레이트와 비스페놀 A와 같은 내분비 교란 물질도 주된 원인으로 지목되고 있다. 내분비 교란 물질은 체내에서 여성 호르몬과 비슷한 역할을 한다.(2부 3. 참고) 성조숙증의 경우 성장판이 일찍 닫혀 어른이 되었을 때 최종 키가 작아질 수 있기 때문에 플라스틱 노출을 최소화하고 좋은 생활습관으로 비만을 예방하는 것이 중요하다.

참고 자료 및 더 읽을 거리

* 웹사이트

세계자연기금(WWF)
https://wwf.org/

세계자연기금 한국지부
https://www.wwfkorea.or.kr/?referer=wwforg

그린피스 코리아
https://www.greenpeace.org/korea/update/9961/report-microbeads/

환경운동연합
http://kfem.or.kr/?p=200930

* 인터넷 기사, 영상

플라스틱: 영화, 음악, 병원을 있게 한 플라스틱의 역사, BBC 뉴스 코리아
https://www.bbc.com/korean/news-46258856

썩는 데만 400년…마스크 쓰레기, 여의도 17번 덮는다, 중앙일보
https://www.joongang.co.kr/article/23984727#home

만드는 데 1초, 썩는 데 450년…'일회용 마스크' 쓰레기 심각, KBS 뉴스
https://news.kbs.co.kr/news/view.do?ncd=5097309

[화학개론]다양한 플라스틱의 세계, LG화학 공식 블로그 LG케미토피아
https://blog.lgchem.com/2016/03/generalchemistry-2

이런 변이 있나…신생아 배내똥, 유아 대변에도 미세 플라스틱, 뉴스원샷
https://www.joongang.co.kr/article/25009528?utm_source=navernewsstand&utm_medium=referral&utm_campaign=column1_newsstand&utm_content=210925

미세 플라스틱 '둥둥'… '친환경 부표'로 바꿔 나가야, SBS 뉴스
https://news.sbs.co.kr/news/endPage.do?news_id=N1006541814&plink=ORI&cooper=NAVER

Zooming in on the Five Types of Microplastics, LAKE ONTARIO WATERKEEPER
http://www.waterkeeper.ca/blog/2016/11/15/zooming-in-on-the-five-types-of-microplastics

"1인당 섭취 미세플라스틱, 매주 신용카드 1장 분량", 연합뉴스
https://www.yna.co.kr/view/AKR20190611167400009

열 경화성 플라스틱을 아시나요? 한국과학기술연구원
(https://jb.kist.re.kr:7443/portal/bbs/B0000014/view.do?nttId=2530&searchCnd=&searchWrd=&gubun=&delcode=& delcode=&useAt=&replyAt=&menuNo=&sdate=&edate =&viewType =&listType=&type=&siteId=&deptId=&option1 =&option2=&option5=&option11= &option12=&category=&searchYear=&searchMonth=&pageIndex=)

한국인 1명이 年 88kg 플라스틱 쓰레기 배출... 美·英 이어 세계 3위, 조선일보
https://news.v.daum.net/v/20211202233219971

미세 플라스틱의 공격, MD journal daily
http://www.mdjournal.kr/news/articleView.html?idxno=30550

플라스틱 쓰레기, 미국인 가장 많이 버려…한국인은?, NOW NEWS (서울신문 제공 기사)
https://m.nownews.seoul.co.kr/news/newsView.php?id=2021120260
1015&wlog_tag1=#csidx99733f02ca0ab76b42718fd04da673b

"플라스틱 다 먹어치우겠다"... 쓰레기산을 먹이로, 대자연 진화, 중앙일보
https://news.v.daum.net/v/20211220050058388

인천 앞바다 미세 플라스틱 '유입된 재앙', 경인일보

http://www.kyeongin.com/main/view.php?device=pc&key=20220104010000664

* 넷플릭스

히스토리 101: 플라스틱

https://www.netflix.com/kr/title/81116168?s=a&trkid=13747225&t=cp&vlang=ko&clip=81239798

* 유튜브

플라스틱 방앗간: 빻다 빻다 플라스틱마저 빻는 수상한 방앗간이 쓰레기 문제의 대안인 이유 (feat. 인천시 자원순환정책 대전환), SBS뉴스

https://youtu.be/0eougPjZrd8

바다 쓰레기통: 2mm 이하 미세 플라스틱까지 걸러낸다는 바다 위 쓰레기통의 정체, 크랩

https://www.youtube.com/watch?v=d5QTU3vTrUs&list=PLGhLiEBOh7nAOTNhPHmH4t5nJp68oMPx6

플라스틱 재활용 예술: 마스크 쓰레기가 청와대로 간다고? 제로웨이

https://www.youtube.com/watch?v=7ySPnlTWJGQ

맺음말

   태어나서 중학교에 입학하기 전까지 조그만 동네의 골목이 많은 작은 단독 주택에서 살았다. 우리 집 근처에 세탁소가 하나 있었는데 그 집 두 형제와 함께 놀고 웃고 울던 기억이 아른아른하다. 오랜만에 어머니로 부터 전화를 받았는데, 그 세탁소 집 어머니께서 뇌종양으로 돌아가셨다고 그리고 돌아가시기 전에 그 집에 들러 얼굴을 보고 마지막 인사를 나눴다고 말씀하셨다. 그런데 갑자기 생각해 보니 나는 그 세탁소를 지날 때 마다 풍겨오는 달콤하고 몽롱한 냄새가 좋았다.

   어떤 질병은 복합적인 원인에 의해 발생한다. 그러므로 하나의 원인을 골라 그것 때문에 그 질병이 생겼다고 말하기는 힘들다. 그러나 세탁소 집 어머니의 뇌종양은 과거 혹은 현재 세탁소에서 사용하고 있는 다양한 화학 물질에 의해 생겼을 가능성이 있다. 실제로 세탁소에서 나던 달콤하고 몽롱한 냄새는 벤젠고리를 포함하는 방향족 탄화수소의 특징이다. 과거 드라이클리닝에 사용했던 벤젠은 1급 발암 물질로 사용이 금지되었으며 현재 사용하고 있는 삼염화에틸렌(TriChloroEthylene, TCE)과 같은 유기 화합물 역시 피부 점막 자극 외에도 신경계 장애를 일으킬 수 있다.

직업환경의학과 전문의 자격증을 취득했지만 환경성 질환에 대한 지식이 부족했고, 환경 문제를 해결하기 위한 노력을 하지도 못했었다. 부끄러운 마음으로 여러 환경 문제 중 미세 플라스틱에 대해 정리를 시작했고, 사람들이 미세 플라스틱과 그 문제에 대해 쉽게 이해하고 관심을 갖길 바라는 마음으로 책을 출판하기로 결심했다. 부족한 능력으로 인해 오랜 시간과 노력이 필요했지만 많은 분의 도움으로 완성할 수 있었다. 이 책이 미세 플라스틱 환경 문제 해결에 조금이나마 도움이 되길 바라며 우리 아이들이 미래에 더 좋은 환경에서 생활할 수 있길 기도한다. 마지막으로 세탁소 집 형제가 잘 지내는지 궁금하다. 그리고 위로와 안부를 전하고 싶다.

* 낳아 주시고 길러 주신 사랑하는 부모님 박우풍 박사님과 정숙자 선생님, 부족한 남편을 위해 기도해 주는 사랑하는 아내 이혜지 선생님, 사랑하는 딸 지호 그리고 아들 주호에게 가장 큰 감사를 전합니다.